DINOSAURIER

LEBEN UND
MYSTERIÖSER
UNTERGANG

JOSEPH
WALLACE

DINOSAURIER

LEBEN UND MYSTERIÖSER UNTERGANG

JOSEPH WALLACE

DEUTSCHE ÜBERSETZUNG: WIEBKE DIEDERICHS

XENOS

Deutsche Ausgabe:
ISBN 3-8212-1244-6

Am Hehsel 40, 22339 Hamburg
Lektorat: Dr. G. Böhme, Berlin
Einbandgestaltung:
Künne + Künne Werbeagentur, Hamburg
Satz: KCS GmbH, Buchholz/Hamburg
Printed in Italy

Die amerikanische Originalausgabe
erschien 1987 unter dem Titel
»The rise and fall of the dinosaur«
im Verlag Gallery Books, New York

Widmung

Für meine Eltern, die nie
gefragt haben: »Und wann
fängst du eine richtige
Arbeit an?«
Danke.

INHALT

INHALT

KAPITEL 1

WAS FASZINIERT UNS AN DINOSAURIERN?

Schon seit dem ersten Fund eines Fossils aus Dinosaurierzeiten haben diese großen Reptilien die Phantasie der Öffentlichkeit und der Wissenschaft gleichermaßen beschäftigt. Berichte über neue Saurierfunde rangieren immer wieder unter den beliebtesten Themen von Zeitungen und Zeitschriften. Zahllose Exemplare von Büchern über Dinosaurier sind verkauft worden, und das Interesse wächst immer weiter. Museen und naturhistorische Ausstellungen wissen zu berichten, daß die Anziehungskraft der Exponate aus der Dinosaurierzeit wesentlich über der anderer Abteilungen liegt. Wissenschaftler wie z. B. Nicholas Hotton, ein bedeutender Paläontologe vom Smithsonian Institute in Washington, haben ihr ganzes Leben damit verbracht, der Geschichte dieser mysteriösen und faszinierenden Wesen nachzuspüren.

Und doch: als man ihn fragte, was denn eigentlich die ungeheure Faszination der Dinosaurier ausmache, tat sich selbst Hotton schwer, eine Erklärung zu finden. »Die Leute können einfach nicht genug von den Dinosauriern bekommen«, sagt er und fügt dann an: »ich habe allerdings nicht die geringste Idee, warum.« Tatsächlich ist Hotton nicht einmal sicher, warum er selbst so fasziniert war, um sein Leben der Erforschung dieser ausgestorbenen Reptilien zu widmen. »Ich bin in Michigan aufgewachsen, da gab es keine Fossilien«, erinnert er sich. »Es gab nicht einmal Eidechsen. Aber aus irgendeinem Grunde war es für mich schon immer klar, daß ich mein Leben unter Sauriern und anderen Tieren der Urzeit verbringen würde.«

Hotton vermutet, daß die Faszination der Dinosaurier zum Teil damit zu tun hat, daß sie vor Millionen von Jahren in einer Welt lebten, die so ganz anders war als die, die wir heute kennen. »Die Menschen lieben die Vergangenheit«, sagt er, die Vor-

Der versteinerte Fußabdruck eines Dinosauriers läßt ahnen, wie riesig diese Urzeit-Echsen gewesen sein müssen.

Black & white original courtesy American Museum of Natural History. Hand colored by R. W. Kosturko

Dinosaurier gab es in den unterschiedlichsten Formen, von starken, zweibeinigen Jägern wie *Tyrannosaurus* bis zu diesem wehrhaften *Agathaumus* (unten). Mit seinen drei spitzen Hörnern und dem Stachelkranz am Nackenschild lebte *Agathaumus* vor 65 Millionen Jahren z. B. auf den Ebenen Nordamerikas.

In Spielzeuggeschäften und Buchhandlungen überall auf der Welt gehören Dinosaurier-Nachbildungen zu den beliebtesten Ausstellungsstücken. Dieser *Tyrannosaurus*, der andere Spielzeugsaurier überragt, sieht sogar als Modell noch gefährlich aus (rechts).

American Museum of Natural History

Marilyn Yee/NY Times

stellung einer Welt ohne Städte, ohne Menschen. Wahrscheinlich sind es einfach die Geheimnisse dieser lange versunkenen Welt, die uns so fesseln.«

Das Interesse an den Dinosauriern selbst rührt sicherlich auch daher, daß sie so riesig waren und so unwirklich aussahen. »Sie erinnern uns an Fabelwesen«, erklärt Hotton. »Man kann sich kaum vorstellen, daß es sie wirklich einmal gegeben hat. Sie sprechen unsere Phantasie an.«

Was auch der Grund für das Interesse sein mag, die meisten Menschen wissen nicht viel mehr über die Riesentiere als das, was man auf den Schautafeln an den riesigen Skeletten in Museen und Ausstellungen lesen kann. Wenn man jemanden fragt, wie Dinosaurier denn ausgesehen haben, dann hört man oft die Beschreibung eines klobigen Tieres mit langem Hals und winzigem Kopf (z. B. *Brontosaurus*) oder eines riesigen Ungeheuers auf zwei Beinen mit triefenden Lefzen und schrecklichen Zähnen (*Tyrannosaurus*).

Das ist gar nicht so falsch. Etwa 160 Millionen Jahre lang lebten Dinosaurier auf der Erde, und manche Arten sahen diesen beiden großen Sauriern ähnlich. Andere waren aber ganz anders, manche noch unvorstellbarer in ihrer Erscheinung. Manche Dinosaurier waren von Stacheln bedeckt oder hatten Schwänze mit dicken Keulen am Ende. Andere wieder hatten lange Beine und konnten schneller als 50 km/h laufen. Sie packten ihre Beute mit kleinen, beweglichen »Händen«, an deren Spitzen scharfe Krallen saßen.

Noch weniger wissen die meisten Menschen über die Lebensweise der Dinosaurier, obwohl sich doch in letzter Zeit die Forschung gründlicher mit dieser Thematik beschäftigt hat. So

American Museum of Natural History

Die scharfen Klauen und der riesige Kiefer sind auch beim Skelett des *Tyrannosaurus* noch sehr gut zu erkennen (links). Die Vorstellung von der Grausamkeit der Dinosaurier fasziniert die Menschen schon seit langem. Ausstellungen in naturhistorischen Museen sind nach wie vor ein Publikumsmagnet.

Obwohl in Wirklichkeit *Stegosaurus* und *Tyrannosaurus* Millionen von Jahren auseinander lebten, stampfen sie doch gemeinsam zur Musik von Igor Strawinski durch Walt Disneys Film *Fantasia* (rechts).

wissen wir heute, daß manche Arten ein ausgeprägtes Familienleben hatten, die Jungen wurden in Nestern aufgezogen und von den Eltern gefüttert und beschützt. Andere benutzten ihre Hörner und hauerförmigen Zähne offensichtlich in Rivalenkämpfen, wie wir es auch von Hirschen und Elchen kennen. Manche lebten, wie in jüngerer Vergangenheit die Büffel in Nordamerika, in großen Herden auf den Ebenen der Erde.

Auch deshalb bleiben die Dinosaurier immer interessant, weil jedes

neue Forschungsergebnis weitere Fragen aufwirft und in vielen Fällen auch weitreichende wissenschaftliche Debatten in Gang setzt. So z. B. die Frage, warum die Dinosaurier eine Zeitlang die Erde so ausschließlich bevölkern konnten. Manche Dinosaurier waren wilde Raubtiere. Wenn sie aber Kaltblüter waren, wie unsere heutigen Reptilien, wie konnten sie dann so schnell wie ein Warmblüter laufen und Beute jagen?

Aber keine Frage ist so viel diskutiert und doch nie wirklich beantwortet worden wie die nach dem Aussterben der Dinosaurier. Wie und warum konnten die Dinosaurier so einfach von der Erdoberfläche verschwinden, nachdem sie 160 Millionen Jahre die einzigen Bewohner unseres Planeten gewesen waren? Lagen die Ursachen für ihr Aussterben im normalen, allmählichen Prozeß der Evolution? Einige Forscher gehen davon aus. Andere vermuten eine Katastrophe, die drastische Veränderungen der Lebensbedingungen der Riesenechsen mit sich brachte. Wenn das stimmt, welcher Art mag diese Katastrophe gewesen sein? Eine Seuche? Ein Kometenhagel, vielleicht sogar aus einem anderen Sonnensystem? Und: Könnte so etwas wieder geschehen?

Was es auch sein mag, das die Faszination der Dinosaurier letztlich ausmacht: die immer weiter voranschreitende Forschung, das ständige Entdecken neuer Fakten über die Vergangenheit unseres Planeten macht die Saurier zu einem schier unerschöpflichen Thema.

KAPITEL 2

DIE ANFÄNGE

Zu den Grundlagen eines jeden Biologieunterrichtes gehören die Theorien über den Ursprung allen Lebens, als erste einzellige Organismen in den frühen Ozeanen lebten. Die Geschichte davon, wie aus diesen winzigen Lebewesen die riesigen Dinosaurier wurden und was auf dem Wege dieser Entwicklung geschah, gehört zu den interessantesten Kapiteln der Biologie.

Heute gehen die Wissenschaftler davon aus, daß die Erde etwa 4,5 Milliarden Jahre alt ist und daß die ersten Organismen, ähnlich den heute bekannten einzelligen Bakterien, vor etwa 3,5 Milliarden Jahren entstanden. Es dauerte unglaublich lange (viel länger als der Zeitraum zwischen den Anfängen der Dinosaurier und unserer Zeit), bis sich aus diesen primitiven Lebewesen kompliziertere entwickelten, wie etwa Quallen und Würmer.

Nun waren diese allerersten Organismen den Dinosauriern natürlich in keiner Weise ähnlich. Es ist schwierig, sich vorzustellen, wie aus so winzigen Wesen einmal solche riesenhaften Tiere entstehen konnten. Im Paläozoikum (vor etwa 600 Millionen Jahren) beschleunigte sich offenbar das Tempo der Evolution. Krebse, Muscheln, Korallen und andere wirbellose Tiere (also solche, die keine Wirbelsäule haben) bevölkerten die Meere. Sie vermehrten sich und bildeten immer neue Arten, bis sich endlich vor etwa 500 Millionen Jahren die ersten Wirbeltiere entwickelten.

Die Entstehung der Fische ist deshalb so wichtig für die Entwicklung der Dinosaurier, weil, wie die Wissenschaftler sagen, aus den Fischen die höherentwickelten Formen des Lebens außerhalb des Wassers entstanden.

American Museum of Natural History

Das gewaltige *Dimetrodon* mit seinen scharfen Zähnen trug auf dem Rücken einen Fächer, mit dem es Sonnenwärme speicherte, aber genauso auch abgab und so seine Körpertemperatur regulieren konnte.

Die Invasion des Landes begann vor etwa 350 Millionen Jahren, als einige Fischarten einfache Lungen entwickelten. Obwohl sie nun das Wasser verlassen konnten, waren diese Amphibien – die Ahnherren unserer Frösche und Salamander – noch weit davon entfernt, für ein ständiges Leben an Land ausgerüstet zu sein. Ihre Haut war feucht und empfindlich gegen Sonnenlicht. Sie mußten also oft ins Wasser zurückkehren und lebten deshalb meist an Stränden oder Flußufern. Auch zur Eiablage mußten sie ins Wasser zurückkehren, denn an Land wären ihre Eier allzu schnell ausgetrocknet. Obwohl die Amphibien die erste höhere Lebensform waren, die das Land bevölkerten, fehlten doch noch einige Sprossen auf der Leiter der Evolution, bis sich echte Landtiere entwickelten.

Die kaltblütigen, dickhäutigen Reptilien, die sich später (man schätzt, vor etwa 300 Millionen Jahren) aus diesen Amphibien entwickelten, waren ein weiterer großer Schritt in Richtung auf das Leben auf dem Land, in Richtung auf die Entstehung der Dinosaurier. Ihre Eier, die im Körper der Weibchen befruchtet wurden, trugen nun eine kräftige Schale, die sie vor dem Austrocknen schützte, nachdem das Weibchen sie abgelegt hatte. Die Reptilien, die an Land leben und sich fortpflanzen konnten, waren die ersten Lebewesen, die sich von den schützenden Ufern aufmachten und das Landesinnere erkundeten.

Aber es dauerte noch einige Zeit, bis sich aus diesen ersten Vorläufern Wesen wie der *Tyrannosaurus* entwickelten. Der größte Teil dieser Entwicklungen liegt zeitlich im Paläozoikum und Mesozoikum, also vor etwa 225 bis 250 Millionen Jahren. Fossilfunde aus dieser Zeit haben viele Beispiele dafür geliefert, daß weitreichende Evolutionsprozesse stattfanden.

Im Laufe der Zeit entwickelten sich aus den ersten Reptilien verschiedene Untergruppen, die heute von den Forschern nach der Anzahl und Lage der Öffnungen hinter den Augen, zu beiden Seiten des knöchernen Schädels, eingeteilt werden. Diese Öffnungen, die auch heute noch bei Reptilien zu finden sind, bieten Platz für die Kiefermuskulatur und dienten vermutlich auch dazu, den Schädelknochen leichter zu machen. Die Gruppe der *Anapsiden*, die keine solche Schädelöffnungen aufwies, umfaßt die Ahnen unserer Land- und Wasserschildkröten. Zur Gruppe der *Synapsiden*, die je eine kleinere Öffnung an der Oberseite des Schädels hat, gehören die *Ichthyosaurier* und die *Plesiosaurier*, die großen urzeitlichen Reptilien, die später wieder ins Wasser zurückkehrten. Sie haben heute keine lebenden Nachfahren mehr.

Die dritte Gruppe, auch *Euryapsiden* genannt, hatte eine einzelne Öffnung im unteren Schädelbereich. Dies war eine faszinierende Gruppe von Reptilien, die viele Charakteristika unserer heutigen Säugetiere aufwiesen. Über 70 Millionen Jahre lang waren sie die beherrschenden Lebewesen auf der Erde – dann kamen die Dinosaurier, und sie starben aus. Die eigentlichen Säugetiere entwickelten sich aus diesen säugetierähnlichen Reptilien. Sie konnten neben den Dinosauriern überleben. Sicherlich war dies ein schweres Überleben, denn die meisten frühen Säugetiere waren winzig, gemessen an den Dinosauriern. Erst nachdem die Riesenechsen ausgestorben waren, konnten sich die Säugetiere ungehindert weiterentwickeln.

Die vierte Gruppe, die *Diapsiden*, mit je zwei Öffnungen hinter den Augen, teilte sich in zwei Entwicklungslinien auf. Auf der einen Seite stehen unsere heutigen Schlangen und Eidechsen. Aus dem anderen

Ein Unterscheidungsmerkmal für die verschiedenen Typen von Reptilien sind bestimmte Öffnungen im Schädel. Schildkröten hatten keine solche Öffnungen, die schwimmenden *Plesiosaurier* hatten eine Öffnung hinter jedem Auge im oberen Schädelbereich. Die säugetierähnlichen Reptilien hatten ebenfalls nur je eine Öffnung, jedoch weiter unten im Schädel liegend. Zwei Gruppen von Reptilien hatten je zwei Schädelöffnungen. Aus der einen entwickelten sich unsere heutigen Schlangen und Eidechsen, aus der anderen die größten und gefräßigsten aller Reptilien: die Dinosaurier.

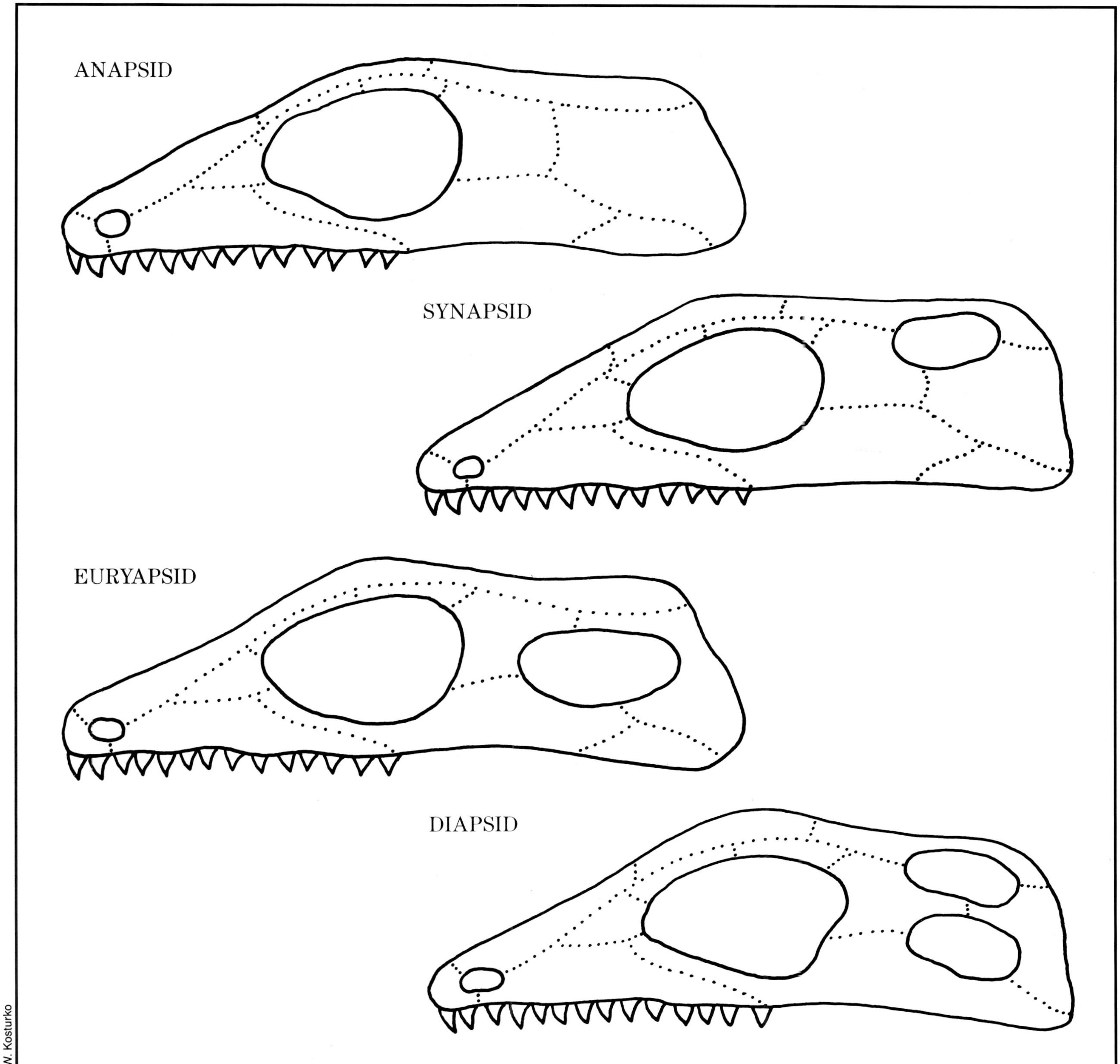
ANAPSID
SYNAPSID
EURYAPSID
DIAPSID
R. W. Kosturko

ZEITTAFEL/STAMMBAUM

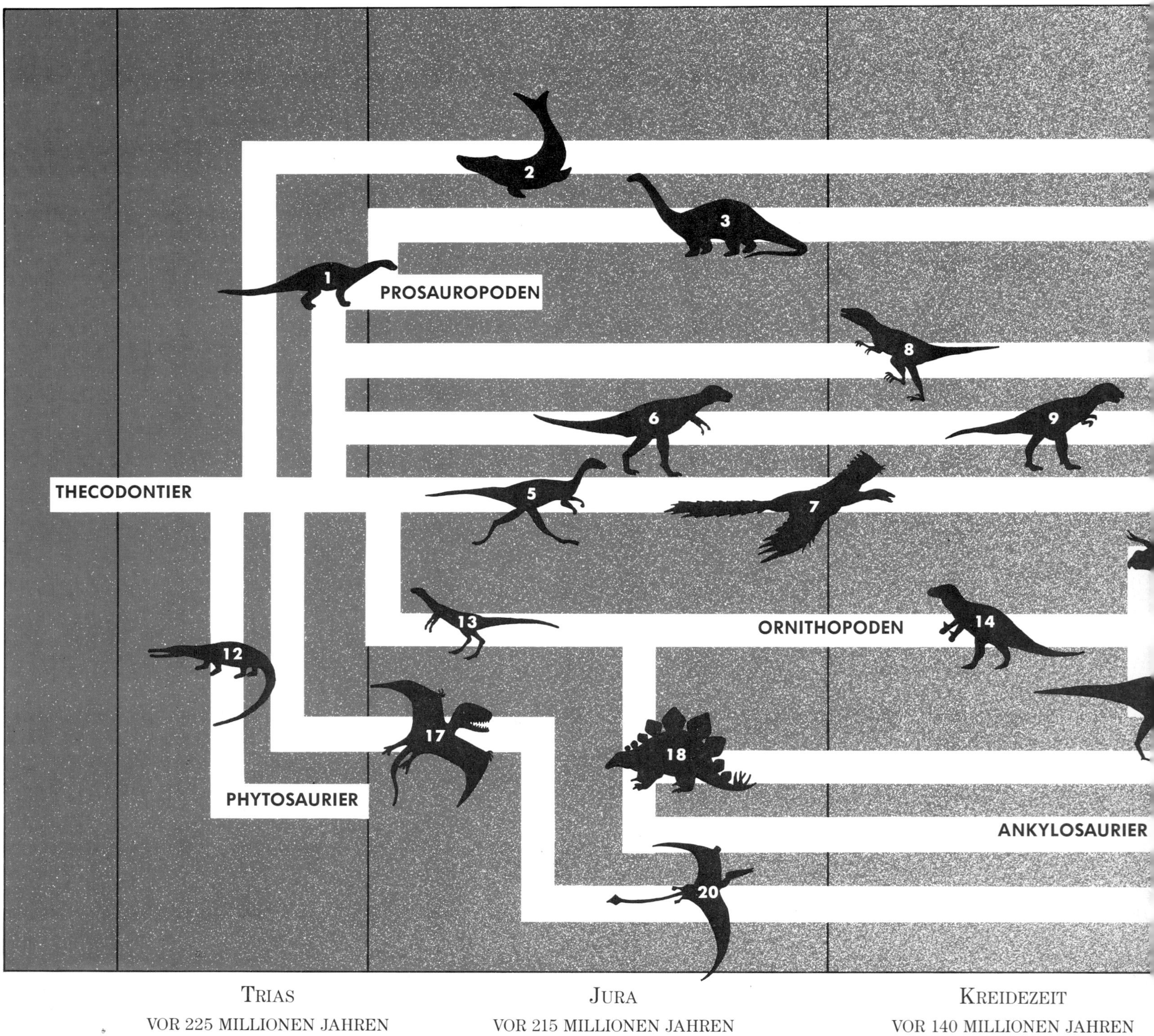

R. W. Kosturko

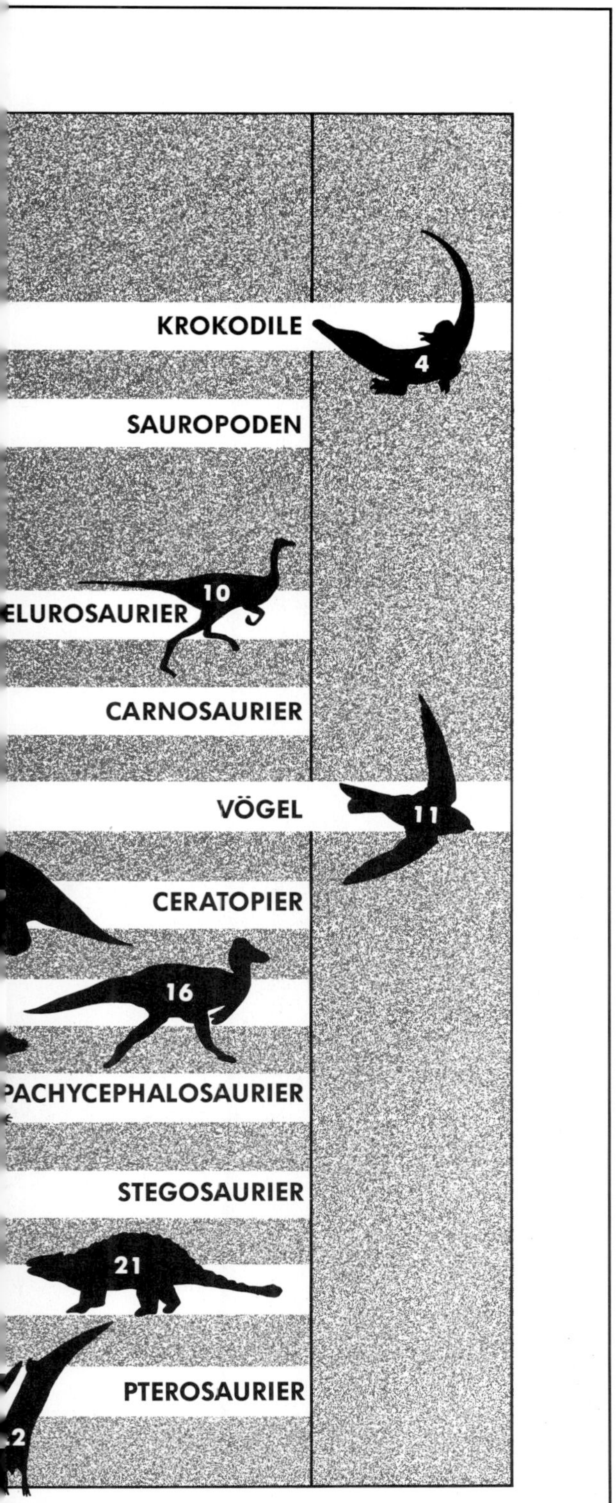

KÄNOZOIKUM
VOR 65 MILLIONEN JAHREN

1 **Plateosaurus**
2 **Metriorhynchus**
3 **Diplodocus**
4 **Krokodil**
5 **Coelophysis**
6 **Megalosaurus**
7 **Archaeopteryx**
8 **Deinonychus**
9 **Tyrannosaurus**
10 **Ornithomimus**
11 **Vogel**
12 **Rutiodon**
13 **Lesothosaurus**
14 **Iguanodon**
15 **Triceratops**
16 **Corythosaurus**
17 **Dimorphodon**
18 **Stegosaurus**
19 **Pachycephalosaurus**
20 **Rhamphorhynchus**
21 **Euoplocephalus**
22 **Pteranodon**

Die Epoche der Dinosaurier ist von den Wissenschaftlern recht genau unterteilt worden. Am Ende der Trias tauchten u. a. die ersten Prosauropoden auf. Während des Juras entwickelten sich zahlreiche verschiedene Dinosaurierformen, die sich in der Kreidezeit noch weiter vemehrten. Und dann, vor etwa 65 Millionen Jahren, starben alle Dinosaurier aus – wir wissen bis heute nicht genau, warum.

Zweig, obwohl er 160 Millionen Jahre lang die Erde beherrschte, haben keine Wesen bis in unsere Zeit überlebt.

Die Mitglieder der zweiten Hälfte der Gruppe der Diapsiden nennt man auch *Archosaurier*. Man müßte sich die Öffnungen in ihren Schädeln genau ansehen, um zu erkennen, daß die sehr verschiedenen Archosaurier alle miteinander verwandt waren. Im Laufe langer Zeit entwickelten sich einige von ihnen zu langsamen Pflanzenfressern, die über 20 Meter lang werden konnten. Andere wurden zu hoch aufragenden Raubtieren mit scharfen Zähnen, wieder andere zu wehrhaften Wesen mit langen Stacheln, Knochenplatten, Schutzpanzern oder bewehrten Schwänzen. Alle diese Tiere fassen wir heute unter dem Namen Dinosaurier zusammen.

Die Entstehung und das Aussterben der Dinosaurier (und vieler anderer Lebewesen) fand im Mesozoikum statt. Um die Entwicklung dieser großen Tiere zeitlich besser einordnen zu können, haben die Wissenschaftler das Mesozoikum noch einmal in drei Perioden unterteilt. Die Trias (etwa vor 245 bis 215 Millionen Jahren), das Jura (vor 215 bis 140 Millionen Jahren) und die Kreidezeit (vor 140 bis 60 Millionen Jahren). Dies ist eine willkürliche Einteilung, aber sie hilft uns dabei, wenn wir einen Begriff für die Zeitspanne bekommen wollen und für die außergewöhnlichen Veränderungen, die während der Lebenszeit der Dinosaurier stattfanden.

Während des größten Teils der Trias waren die Archosaurier noch keine echten Dinosaurier, sondern nur deren direkte Vorfahren. Es waren seltsam geformte Reptilien, die auch als *Thecodontier* (Hülsenzähner) bekannt sind. Aus ihnen entwickelten sich später alle verschiedenen Dinosaurier und auch die Ahnen unserer Krokodile. Auch die *Pterosaurier*, die großen Flugechsen des Saurierzeitalters und sogar Vögel entstanden aus diesen Urreptilien. Man muß sich vorstellen, daß die Thecodontier der Ursprung eines großen, verzweigten Stammbaumes sind.

Die Thecodontier waren Fleischfresser, und sie sind letztlich dafür verantwortlich, daß die säugetierähnlichen Reptilien und andere Konkurrenten im Kampf um Nahrung und Lebensraum ausgestorben sind. Wie kann es angehen, daß diese Reptilien die anderen Lebewesen nach und nach verdrängten? Die Wissenschaftler vermuten, daß es an ihrem Skelettbau lag. Die meisten anderen Tiere dieser Zeit waren »Kriecher«, ihre Gliedmaßen waren für schnelle Bewegungen nicht geeignet. Sie mochten noch so groß und stark sein, sie konnten sich doch nur sehr langsam und behäbig fortbewegen. Wenn man die wenigen Arten ansieht, die überlebt haben, so stellt man fest, daß die »Kriecher« nichts anderes als ihre Zähne besaßen, um sich zu verteidigen.

Die Thecodontier und späteren Archosaurier profitierten von diesem Nachteil, die säugetierähnlichen Reptilien starben langsam aus. Viele der Thecodontier bewegten ihre Beine aus dem Hüftgelenk heraus und konnten sich dadurch schneller bewegen und sogar halb aufrichten, ähnlich wie ein Krokodil, wenn es Angst hat oder erregt ist. Durch diese Art der Fortbewegung waren die Thecodontier den anderen Tieren ihrer Zeit weit überlegen.

Nach und nach paßten sich die Dinosaurier immer besser an ihre Umgebung an. Einige gingen aufrecht auf mächtigen Hinterbeinen, andere spezialisierten sich aufs Springen oder Klettern. Neben der veränderten Fortbewegung gab es weitere wichtige Entwicklungen. Einige der langsameren Lebewesen, die gegen die schnellen Läufer keine Überlebenschance gehabt hätten, entwickelten stabile Schutzpanzer, z. B. aus Knochenplatten. In dieser Zeit entwickelten sich auch zahlreiche pflanzenfressende Dinosaurier.

Am Ende der Trias waren die Dinosaurier zweifellos die Beherrscher der Erde, und sie sollten es noch weitere 100 Millionen Jahre lang bleiben.

P*hytosaurus* und andere krokodilähnliche Reptilien, die sich aus den Thecodontiern entwickelt hatten, lebten in feuchten Sumpfgebieten. Die heute bekannten Krokodile und Alligatoren gehören zu den ältesten Lebewesen der Erde.

American Museum of Natural History

KAPITEL 3

DIE HERREN DER SPÄTEN TRIAS

Wenn es den Menschen je gelingt, eine funktionsfähige Zeitmaschine zu bauen, und wenn es dann auch noch mutige Forscher gibt, die auf Zeitreise gehen wollen, dann ist die späte Trias (die vor etwa 225 Millionen Jahren begann) sicherlich eine der faszinierendsten und aufregendsten Epochen, für die sie sich entscheiden könnten. Die Zeitreisenden würden die Welt nicht wiedererkennen, so verschieden war sie von der Welt, in der wir heute leben. Da gab es z. B. noch keine einzelnen Kontinente, die Erde bestand aus einer einzigen, großen Landmasse und auch nur einem riesigen Ozean. In dieser Landschaft würde man eine sonderbare Mischung verschiedener Lebewesen finden. Manche Pflanzen und Tiere kämen unseren Zeitreisenden sicherlich bekannt vor, andere wiederum haben keine Nachkommen, die in unserer Zeit anzutreffen sind. So gab es z. B. in der Urzeit viele verschiedene Farne, jedoch keine Gräser oder Blumen.

Lassen wir die Zeitreisenden auf Entdeckungsreise durch die Epoche gehen. *Pangaea*, so nennen die Geologen den Riesenkontinent, aus dem damals die Erde bestand, erlebte viele Veränderungen. Die Landmassen begannen sich zu teilen und zwei einzelne Kontinente zu bilden. Noch heute bewegen sich die Kontinente einen oder zwei Zentimeter im Jahr. Die beiden neuen Erdteile werden heute als *Laurasia* (dazu gehören die nördlichen Teile der Erde) und *Gondwanaland* (Afrika, Australien, Südamerika, die Antarktis und Indien) bezeichnet.

In der späten Trias fand aber erst der Anfang dieser Teilung statt.

"Mogollan Highlands" © 1986 Petrified Forest Museum Assoc.

Die in der Trias-Zeit entstandenen Mogollon-Berge in Arizona erinnern an den Grand Canyon.

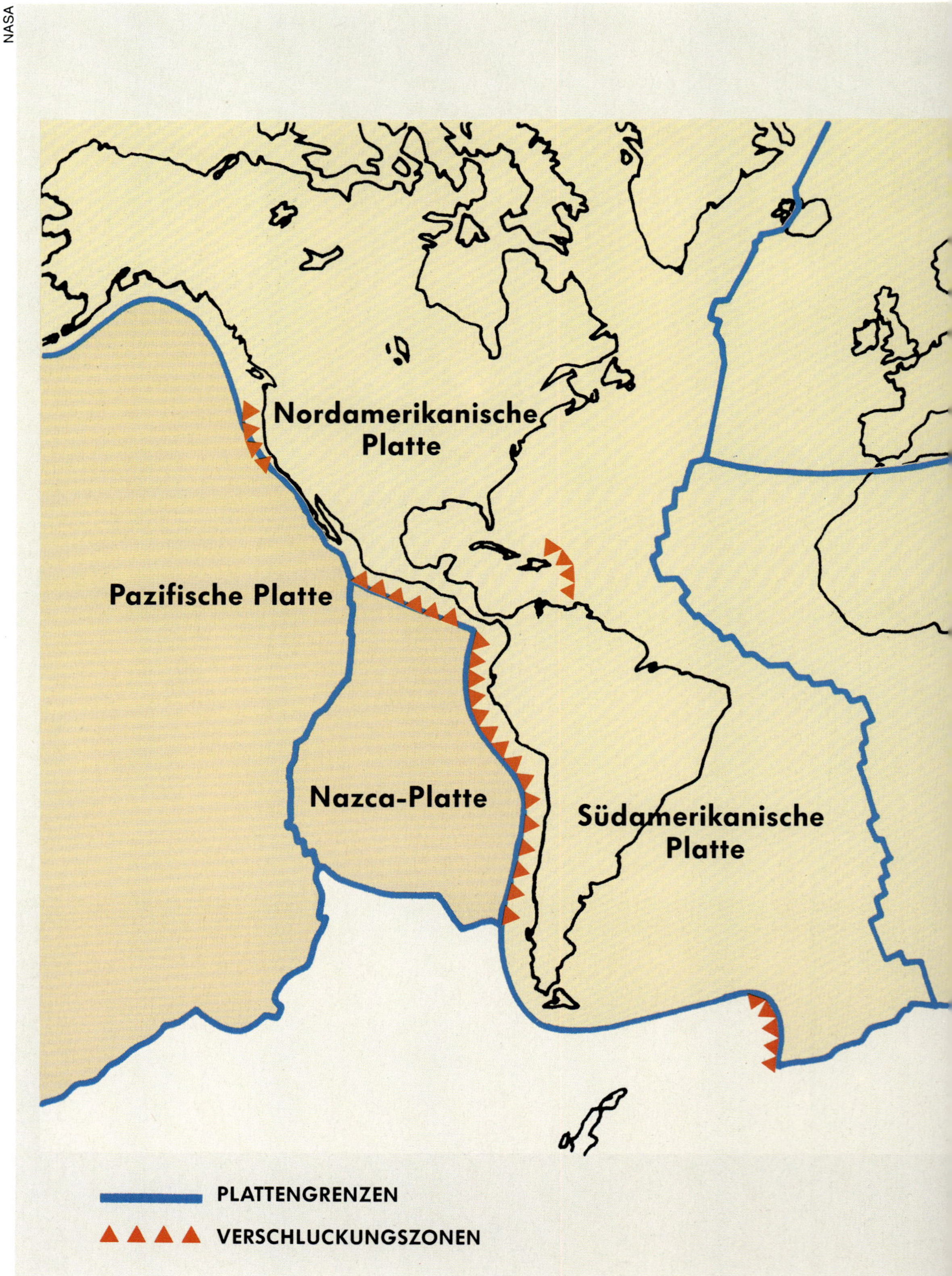

Vor zweihundert Millionen Jahren gab es nur einen Kontinent, der *Pangaea* genannt wird. Im Zeitalter der Dinosaurier verschoben sich die tektonischen Platten, die Erdmassen bewegten sich und bekamen erste Ähnlichkeit mit den Kontinenten, wie wir sie heute kennen.

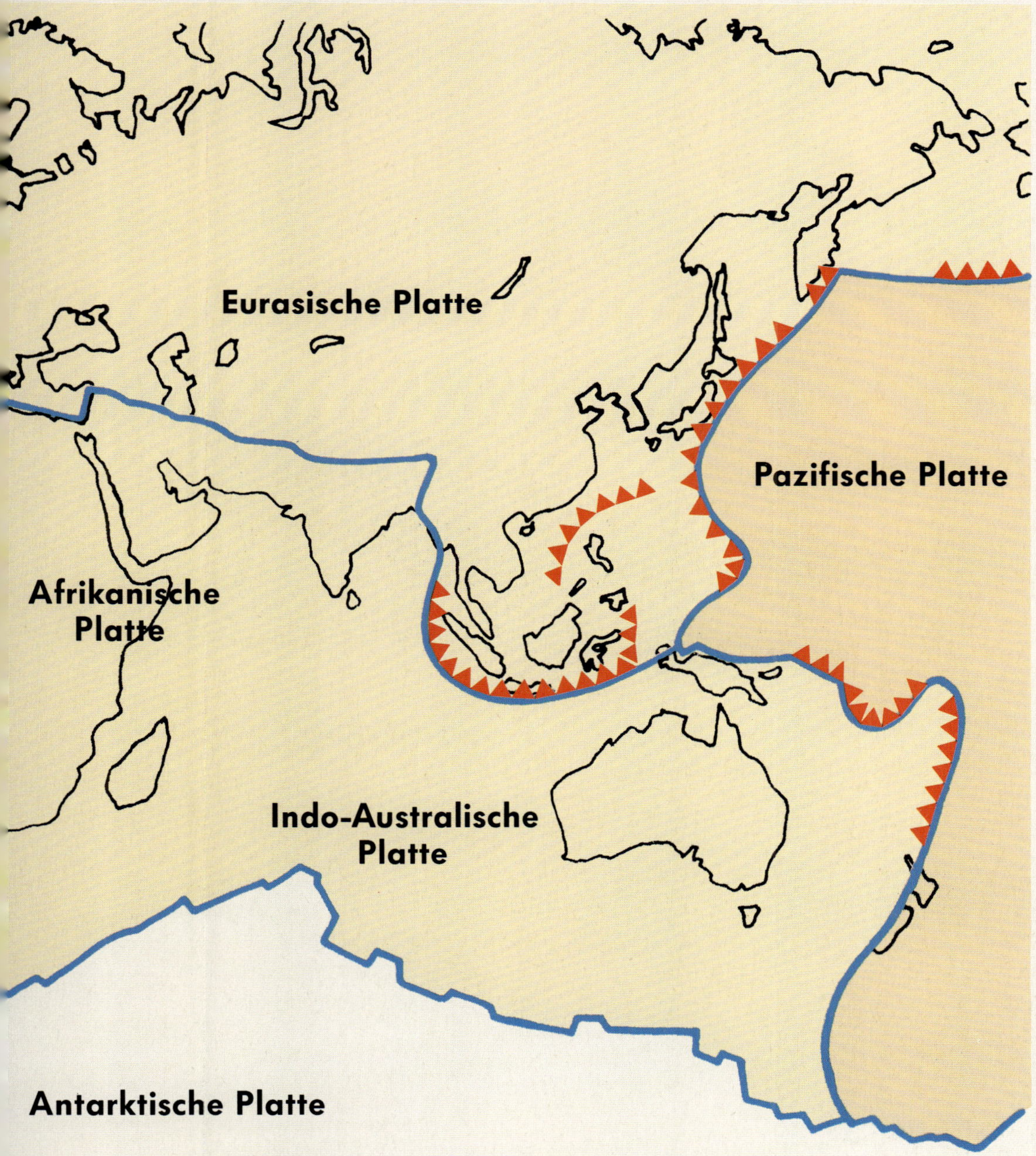

Die Tiere, die in dieser Zeit die Erde bevölkerten, konnten überallhin gehen, ohne den Ozean überqueren zu müssen, der den größten Teil der Erdoberfläche bedeckte. Überreste ganz ähnlicher Dinosaurier hat man z. B. in Afrika und Nordamerika gefunden – an Orten also, die heute weit auseinanderliegen.

Sicherlich würde es den Zeitreisenden auch auffallen, daß der Riesenkontinent Pangaea in der Trias am Äquator lag. Darum gab es auch nicht so starke Temperaturschwankungen wie heute. Die Dinosaurier lebten in einem gleichbleibend warmen Klima und mußten keinen Winterschlaf halten, wie es heute viele Säugetiere in gemäßigten und kalten Klimazonen tun. Tatsächlich hatten die Saurier nur wenig Schutz vor Kälte. Das mag einer der Gründe für ihr Aussterben 160 Millionen Jahre später gewesen sein.

Der Besucher der späten Trias würde sicherlich noch solchen Wesen wie den Thecodontiern und den säugetierähnlichen Reptilien begegnen. Diese Tiere waren aber bereits im Aussterben begriffen. Urahnen unserer Krokodile und Frösche bevölkerten die Sümpfe, in trockeneren Gebieten gab es Kriechtiere, die an Eidechsen erinnern. Ein aufmerksamer Beobachter könnte vielleicht auch einige Säugetiere finden, winzige, wehrlose Wesen, die gegen die schnellen Beutejäger um ihr Überleben kämpfen mußten.

Viel auffälliger waren aber die *Ichthyosaurier* und *Nothosaurier*. Diese Reptilien hatten sich so gut an das Leben im Meer angepaßt, daß sie statt Beinen Flossen entwickelt hatten. Am Himmel schwebten die ersten Flugsaurier, die *Pterosaurier*. Diese fliegenden Reptilien hatten Flügel aus ledriger Haut.

Die frühesten Dinosaurier, die in der späten Trias lebten, waren nicht etwa der bekannte Brontosaurus oder

Im späten Trias war die Erdlandschaft weitgehend kahl, es gab weder Gräser noch blühende Pflanzen und nur wenige Dinosaurier. Die Abbildung zeigt einen winzigen *Prosauropoden*, Angehöriger einer kleinen Gruppe von Dinosauriern dieses Zeitalters.

der Tyrannosaurus, die man heute in jeder Ausstellung wiederfindet. Ihre Ahnen waren wesentlich kleiner und unauffälliger. In einem Nationalpark in Arizona hat man 1986 Überreste eines *Chindesaurus* gefunden, der möglicherweise der älteste aller Dinosaurier ist. Robert Long von der kalifornischen Universität Berkeley und seine Mitarbeiter haben mit Hilfe einer Reihe komplizierter Techniken Untersuchungen angestellt. Sie haben z. B. das Alter von fossilen Blättern und Pollen gemessen, die im gleichen Gestein gefunden wurden. Auf diese Weise konnten sie herausfinden, daß Chindesaurus etwa 225 Millionen Jahre alt ist. Dies ist die Zeit, in der sich die allerersten Dinosaurier entwickelten. Man nimmt an, daß Chindesaurus ein etwa 100 Kilogramm schwerer Pflanzenfresser war, der sich auf allen vieren vorwärtsbewegte.

Es ist gut möglich, daß Chindesaurus der Ahnherr eines der häufigsten Dinosaurier der Trias war, des *Plateosaurus*. Dieser etwa 8 Meter lange Pflanzenfresser gehörte zu der großen Gruppe der *Prosauropoden* und wanderte bis in den Bereich, der heute Mitteleuropa ist. Auch wenn Plateosaurus normalerweise auf vier Beinen lief, konnte er sich offenbar auf zwei Beine aufrichten. Möglicherweise half ihm diese Fähigkeit, die jungen Triebe und Blätter von höheren Pflanzen zu fressen. Andere Verwandte des Plateosaurus waren kleiner. *Aristosaurus* mit nur 1,5 Metern ist wahrscheinlich der kleinste Saurier aus dieser Gruppe. Versteinerte Knochen hat man im südlichen Afrika gefunden.

Plateosaurus gehörte, wie die meisten anderen Saurier der späten Trias, zu den *Saurischiern*. Das ist eine der beiden großen Sauriergruppen, die sich aus den Thecodontiern entwickelten.

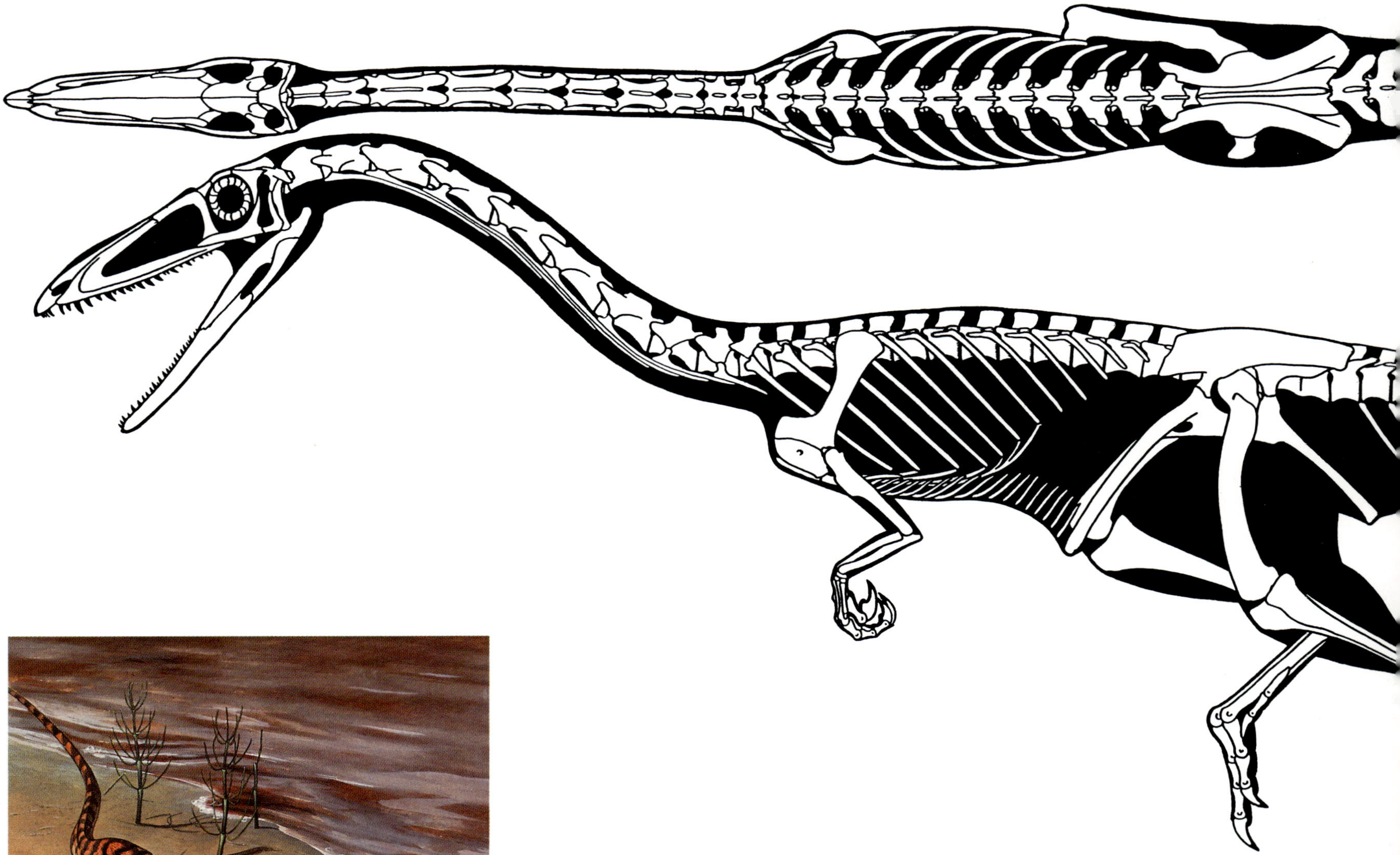

Coelophysis **war wahrscheinlich nur etwa einen Meter lang. Trotzdem war er ein gefährliches Raubtier. Mit seinen starken Beinen und seiner schlanken Gestalt konnte er schnell laufen. Kleine Lebewesen, z. B. Eidechsen, mußten seine nadelspitzen Zähne fürchten.**

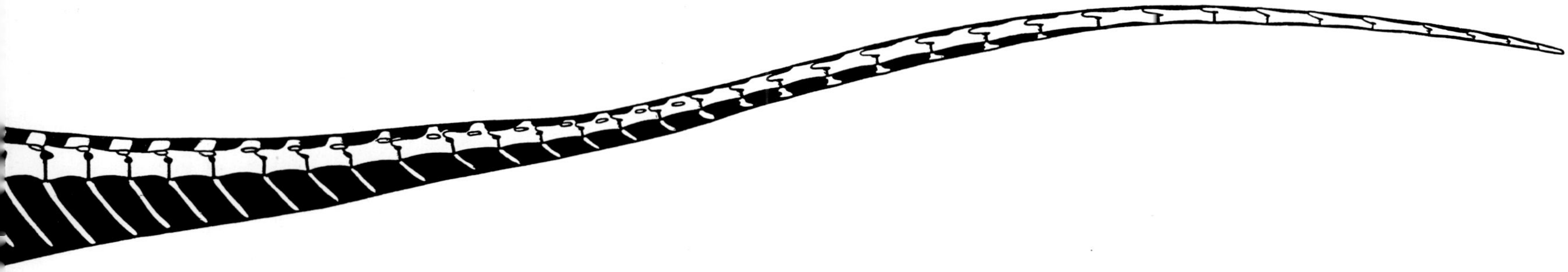

Gregory S. Paul

Die Saurischier tragen ihren Namen wegen ihrer Beckenknochen, die denen unserer heutigen Reptilien sehr ähnlich sind (Echsenbecken). Viele hatten sehr scharfe Zähne, und manche entwickelten einen übergroßen Kopf, damit sie Beutetiere oder Aas besser fressen konnten.

Zu den Saurischiern gehören einige der bekanntesten Dinosaurier, darunter auch Brontosaurus und alle großen Beutejäger wie Tyrannosaurus und *Allosaurus*. Am Ende der Trias und noch lange Zeit darüber hinaus waren die Saurischier die häufigsten und am weitesten verbreiteten Saurier auf der Erde.

Zu den gefährlichsten Sauriern dieser Zeit gehören sicherlich die *Coelurosaurier*, Fleischfresser, die sich auf zwei Beinen fortbewegten. Zu dieser Gruppe gehören einige der faszinierendsten Tiere, darunter auch solche, die man zu den gefährlichsten Dinosauriern aller Zeiten zählt. Forscher vermuten, daß auch die Urahnen der ersten echten Vögel unter den Coelurosauriern zu finden sind.

Einer der ersten Coelurosaurier ist *Coelophysis*. Er war etwa einen Meter lang, schnell und beweglich, hatte einen lanzenförmigen Kopf und scharfe Zähne. Die Wissenschaftler nehmen an, daß dieser Saurier auf den Hinterbeinen lief, wenn er seine Beute jagte, und sie mit den Vorderbeinen festhielt. Überreste eines jungen Coelophysis, die man im Körper eines ausgewachsenen Tieres fand, lassen vermuten, daß dieser Saurier auch seine eigenen Jungen fraß.

Erst am Ende der Trias traten die anderen großen Dinosaurier auf den Plan.

Dies waren die *Ornithischier*, die ihren Namen ebenfalls wegen der Form ihrer Beckenknochen tragen (Vogelbeckensaurier). Viele Angehörige dieser Gruppe hatten starke Kieferknochen und Zähne, mit denen sie ihre Pflanzennahrung gut zerkleinern konnten. Ihre Blüte erlebten die Ornithischier jedoch erst in der Kreidezeit (vor etwa 140 bis 65 Millionen Jahren).

Die ältesten bekannten Ornithischier gehören zu der Unterordnung der *Ornithopoden*, aus der sich in der späten Kreidezeit eine Vielzahl von Sauriern mit »Entenschnäbeln« entwickelten. Zu den früheren Ornithopoden gehörten Tiere wie der etwa drei Meter lange *Fabrosaurus* und der etwas größere *Azendohsaurus*, die beide im heutigen Afrika lebten. Ganz anders als die Prosauropoden, die zu dieser Zeit noch die am weitesten verbreiteten Dinosaurier waren, hatten die Ornithopoden einen leichten Knochenbau und einen langen Schwanz. Ihre Vorderbeine waren relativ kurz, die Hinterbeine aber so lang und stark, daß sie auf ihnen laufen konnten.

Später breiteten sich diese Dinosaurier mit dem Vogelbecken immer mehr auf der Erde aus. Im Ganzen gab es zu dieser Zeit noch relativ wenige Dinosaurier auf der Erde. Erst später zogen sie in großen Herden durch das Land. Die großen Plateosaurier lebten in einer Zeit, als es kaum Konkurrenz um Nahrung und Lebensraum gab. Erst als diese Konkurrenz anwuchs, konnten sie nicht länger überleben. Ähnlich wie andere Prosauropoden starben sie aus.

Die Nachkommen der meisten anderen Arten aber vermehrten sich und lebten auch im folgenden Jura, das man das Zeitalter der Dinosaurier nennen kann. In dieser 75 Millionen Jahre dauernden Periode erlebten die Dinosaurier ihre erste Blüte. Zu den Coelurosauriern und Fabrosauriern kamen Hunderte anderer Formen, darunter die sonderbarsten Wesen, die man sich nur vorstellen kann.

Das krokodilähnliche *Rutidon* faucht einige *Fabrosaurier* an, die vorbeilaufen. Die zierlichen Fabrosaurier gehören zu den ersten Sauriern mit einem Vogelbecken. Die Wissenschaftler vermuten, daß sie sich von Farnen und anderen Pflanzen ernährten.

Doug Henderson © 1986 Petrified Forest National Park

Der relativ kleine *Kentrosaurus* war durch seine auffälligen, spitzen Knochenplatten gut gegen Angriffe größerer Beutejäger geschützt.

Doug Henderson © 1981

KAPITEL 4

DAS ZWEITE ZEITALTER

Nachdem die unerschrockenen Zeitreisenden die späte Trias besucht und die Entstehung der Dinosaurier beobachtet haben, machen sie sich auf den Weg in die nächste große Epoche der Geschichte der Dinosaurier: den Jura (vor etwa 215 bis 140 Millionen Jahren). Jetzt sieht die Welt ganz anders aus als die, aus der die Zeitreisenden gerade kommen. Der Hauptgrund dafür ist, daß sich die Kontinente immer weiter voneinander entfernen.

Vor ungefähr 150 Millionen Jahren hatten die Großkontinente Laurasia und Gondwanaland eine Form erreicht, die entfernt an die heutigen Umrisse erinnert. Der Atlantische Ozean begann sich zu bilden, er trennte die Landmassen des heutigen Südamerika von dem Teil des Kontinents, der später Afrika wurde. Wenn man sich heute eine Landkarte ansieht, erkennt man noch immer, daß diese Erdteile einmal zusammengepaßt haben. Ein anderer großer Riß bildete sich zwischen Australien und der Antarktis. Noch aber hatten sich die Kontinente nicht völlig voneinander gelöst, so daß die Dinosaurier über Landbrücken von einem zum anderen gelangen konnten.

In dieser Zeit entwickelten sich neue Lebewesen, die besser an die sich verändernde Landschaft angepaßt waren. In den Meeren schwammen Ichthyosaurier, die an Delphine erinnern. Am Himmel sah man neue Arten der Pterosaurier. Auch Säugetiere gab es, allerdings waren sie nicht größer als Mäuse. Auch die Pflanzen veränderten sich: in den warmen, sumpfigen Landstrichen tauchten *Palmfarne* und *Bennettiteen* auf, die an Palmen erinnern.

Y*angchuanosaurus* war mit nahezu neun Metern fast so lang wie sein Name. Dieser Raubsaurier aus dem Jura lebte im heutigen China. Man nimmt an, daß er seine Beute mit seinen Klauen und den messerscharfen Zähnen erlegte und fraß.

Besonders interessant waren aber in der Periode des Jura die riesigen Dinosaurier, die das Land beherrschten. Unter den Sauriern, die in dieser Zeit lebten, findet man die interessanten Vorläufer der großen, bekannten Dinosaurier. Im frühen Jura lebten vorwiegend Saurischier (Saurier mit einem Echsenbecken), aber die Ornithischier (Saurier mit einem Vogelbecken) begannen sich im Laufe der Zeit immer mehr auszubreiten.

In der späten Trias gab es noch recht wenige fleischfressende Dinosaurier, im Jura änderte sich das. Zu den interessantesten Fleischfressern, die in dieser Zeit ihrer Blüte erlebten, gehören die kleinen und mittelgroßen Coelurosaurier, Nachkommen des Coelophysis. Das Wort *Coelurosaurus* bedeutet »hohler Saurier«. Tatsächlich hatten diese Tiere ein besonders leichtes Skelett, manche ihrer Knochen waren sogar hohl. Dadurch konnten sie viel schneller und ausdauernder laufen als ihre plumpen, langsamen Vorfahren.

Coelurosaurier waren überaus aktive und schnelle Beutejäger. Heute zweifeln manche Wissenschaftler daran, daß sie Kaltblüter waren. Die meisten kaltblütigen Lebewesen – dazu gehören unsere heutigen Reptilien – bewegen sich eher langsam. Ihr Blut ist ganz einfach nicht in der Lage, die Muskeln mit ausreichend Sauerstoff für schnelle Bewegungen zu versorgen. Manche Forscher nehmen darum an, daß die gefährlichen zweibeinigen Coelurosaurier einen besonderen Mechanismus zur Regulie-

A*nkylosaurus* gehörte zu den sonderbarsten Wesen des Jura. Mit ihrem stachelbewehrten Schuppenpanzer und den keulenförmigen Verdickungen am Schwanzende konnten sie sich nur langsam bewegen.

rung ihrer Körpertemperatur besaßen, ähnlich wie Vögel oder Säugetiere.

Zu den bekanntesten Coelurosauriern gehört *Coelurus*. Er war etwa zwei Meter lang, hatte einen kleinen Kopf, lange Arme und relativ schlanke Hände. Sein Lebensraum lag im heutigen Nordamerika. Viele Forscher nehmen an, daß die Coelurosaurier beim schnellen Laufen ihren langen Schwanz vom Boden abhoben, um so besser die Balance zu halten. Ein kleinerer Verwandter, der aber ebenso ein Räuber war, war *Compsognathus*. Er wurde knapp einen Meter lang und jagte vermutlich überwiegend Eidechsen.

Einige Beutejäger des Juras waren wesentlich größer und weitaus beeindruckender als die Coelurosaurier. Zu dieser Gruppe gehören die frühen *Carnosaurier*. Zu ihnen gehörten viele der stärksten Dinosaurier, die sich turmhoch über ihre Beute erhoben. Der berühmteste fleischfressende Saurier aus dem Jura ist sicherlich *Megalosaurus*. Er war der erste Saurier, der 1841 einen offiziellen Namen bekam. Er sah ähnlich aus wie ein Coelurosaurier, war aber wesentlich größer und hatte ein schwereres Skelett. Er bewegte sich auf den Hinterbeinen vorwärts, an deren Enden vier Zehen saßen. An seinen Armen hatte er drei Finger mit Klauen. Seine Zähne waren lang, scharf und gebogen. Megalosaurier lebten auf beiden Großkontinenten, besonders viele Fossilien und Fußabdrücke hat man aber im heutigen England gefunden.

Ein naher Verwandter des Megalosaurus war Allosaurus, ein noch größerer und stärkerer Fleischfresser, dessen Skelett man in verschiedenen Sammlungen besichtigen kann. Er konnte bis zu 13 Meter lang und über zwei Tonnen schwer werden. Dieser große Saurier, der im Westen des heutigen Nordamerikas lebte, gehört

American Museum of Natural History

Die *Carnosaurier* entwickelten sich im Jura und lebten bis an das Ende der Dinosaurier-Epoche. Sie gehörten zu den größten und gefährlichsten Fleischfressern. Alle Carnosaurier, so auch dieser Tyrannosaurus (links), hatten mehrere Reihen scharfer Zähne. Nur wer einen starken Schutzpanzer trug, war vor ihnen sicher.

Lange Zeit nahm man an, daß Dinosaurier sich sehr langsam bewegten. Der Maler Charles R. Knight jedoch zeigt auf seinem Bild die *Dryptosaurier* (rechts) als schnelle, aktive Tiere.

American Museum of Natural History

Gregory S. Paul

sicherlich zu den beeindruckendsten Dinosauriern überhaupt. Überreste dieser Urzeitriesen hat man auch an anderen Orten gefunden.

Allosaurus war so groß, daß sich einige Forscher gefragt haben, ob er nicht zu schwer war, um ein guter Jäger zu sein. Sie vermuten deshalb, daß er ein Aasfresser war, der sich von den Kadavern anderer großer Dinosaurier ernährte. Andere Paläontologen gehen jedoch davon aus, daß Allosaurus für seine Größe ausgesprochen schnell und wendig war, und daß er seine Beute mit seinen messerscharfen Zähnen tötete. Eine weitere Theorie besagt, daß die Allosaurier in Gruppen gejagt haben – ein Gedanke, über den man noch heute erschrecken könnte.

Ceratosaurus, ein anderer fleischfressender Saurier des Juras, ähnelte seinen Verwandten. Allerdings trug er auf der Nase ein kleines Horn. Bisher hat niemand herausgefunden, welchem Zweck dieses Horn gedient haben könnte. Vielleicht wurde es in Rivalenkämpfen unter männlichen Tieren benutzt, möglicherweise diente es aber auch dazu, Weibchen zu beeindrucken.

Ein gemeinsames Charakteristikum der Carnosaurier war, daß sie sich ausschließlich von Fleisch ernährten. Die Sauropoden dagegen, eine andere Gruppe von Sauriern, die im Jura vermehrt auftraten, waren reine Pflanzenfresser. Die letzteren waren riesige, plumpe Tiere, Nachkommen der riesigen Prosauropoden der Trias.

Der über 10 Meter lange *Allosaurus* war einer der größten und stärksten Beutejäger des Juras. *Diplodocus* jedoch war noch größer, er wurde fast 30 Meter lang. Möglicherweise waren es die enorme Größe des Diplodocus und sein langer, starker Schwanz, die ihn vor den Allosauriern schützten.

Zu ihnen gehörte auch Brontosaurus. Niemand, der jemals das Skelett eines Brontosaurus gesehen hat, kann den gewaltigen Körper, den schier endlos langen Hals und den unglaublich langen Schwanz vergessen. Heute ist Brontosaurus zum Sinnbild der Dinosaurier im allgemeinen geworden.

Brontosaurus hatte mit den anderen Sauropoden mehr als nur die Nahrung gemeinsam. Sie waren alle ähnlich gebaut: vier dicke, säulenartige Beine, ein langer Schwanz, ein ebenso langer, dünner Hals, auf dem ein winziger Kopf saß. Ihre Kieferknochen waren relativ schwach, die Zähne stiftartig und breit. Die Nasenlöcher saßen weit oben auf dem Schädel. Obwohl das Gehirn der Brontosaurier nicht größer war als das einer Katze, hat ihre geringe Intelligenz ihnen keinen großen Schaden zugefügt. Wahrscheinlich hatten sie wenige Feinde, weil sie so ungeheuer groß waren.

Früher nahmen die Forscher an, daß die Sauropoden die meiste Zeit ihres Lebens im Wasser verbrachten und nur den langen Hals an Land reckten, um die Uferpflanzen abzufressen. Heute weiß man, daß sie auf dem trockenen Land lebten. Mit ihrem langen Hals konnten sie die frischen Triebe an den Spitzen der Bäume erreichen. Um besonders hohe Blätter zu fressen, konnten sie sich sogar für kurze Zeit auf die Hinterbeine stellen.

Sauropoden lebten während des Juras und der Kreidezeit. Die bemerkenswertesten Funde stammen aus dem späten Jura, als viele dieser Tiere in Afrika, Nordamerika, China und anderen Teilen der Erde lebten. Nie wieder gab es so große und schwere Dinosaurier wie die Sauropoden des späten Juras.

Zwar ist der etwa 21 Meter lange Brontosaurus der bekannteste unter den Sauropoden, *Brachiosaurus*

Gregory S. Paul

American Museum of Natural History

Früher nahm man an, daß *Camarasaurus* (links), *Barosaurus* (Mitte) und *Brontosaurus* (rechts) sich die meiste Zeit im Wasser aufhielten. Heute weiß man, daß sie mit Hilfe ihres langen Halses die Blätter hoher Bäume erreichen konnten.

Diese Aufnahme des Schädels eines *Brontosaurus* zeigt die großen abgeflachten Zähne, die ihn als Pflanzenfresser auszeichnen. Die leichte Struktur dieses Schädels ist typisch für die Sauropoden.

Der größte aller Saurier war möglicherweise *Seismosaurus* (Vordergrund), von dem man erstmals im Jahre 1986 Fossilien fand. Man nimmt an, daß er bis zu 36,5 Metern lang und über 90 Tonnen schwer werden konnte. Gegen ihn sah selbst *Diplodocus* (Hintergrund) klein aus.

jedoch war noch größer und schwerer. Er konnte bis zu 80 Tonnen schwer werden, nach anderer Auffassung nur 50 Tonnen (das ist etwa 40mal soviel wie ein Elefant wiegt). Sein auffälligstes Merkmal waren seine Vorderbeine, die länger als die Hinterbeine waren. Im Museum für Naturkunde der Humboldt-Universität in Berlin kann man ein vollständiges Skelett eines Brachiosaurus besichtigen, das fast so hoch wie ein vierstöckiges Haus ist.

Lange Zeit nahmen die Paläontologen an, daß die größten Saurier knapp 30 Meter lang und etwa 80 Tonnen schwer waren. In der jüngeren Vergangenheit hat man jedoch Knochen eines Sauriers gefunden, gegen den Brontosaurus und seine Verwandten Zwerge gewesen sein müssen. Erst vor einigen Jahren hat man Reste eines Sauropoden ausgegraben, der über 30 Meter lang und mehr als 90 Tonnen schwer gewesen sein dürfte. Die verblüfften Wissenschaftler hatten ihm gerade den Namen *Supersaurus* gegeben, als man Knochen eines noch größeren Tieres fand.

Dieser *Ultrasaurus* muß etwa 33,5 Meter lang gewesen sein. Im Jahre 1986 entdeckte der amerikanische Paläontologe David Gillette in New Mexico Wirbelknochen eines noch größeren Dinosauriers.

Gillette nannte seinen Fund *Seismosaurus*. Er schätzte, daß dieser Saurier etwa 36,5 Meter lang gewesen sein muß. Bisher ist Seismosaurus der größte bekannte Dinosaurier.

Während zu den Saurischiern (Dinosaurier mit Echsenbecken) einige der größten Fleisch- und Pflanzenfresser des Juras gehörten, entwickelten sich zur gleichen Zeit viele neue Ornithischier (Dinosaurier mit Vogelbecken). Zu den interessantesten gehörten die *Ornithopoden* (Vogelfüßler), die einzigen Ornithischier, die auf den Hinterbeinen laufen konnten. Anders als die Carnosaurier und die meisten anderen zweibeinigen Dinosaurier waren die Ornithopoden Pflanzenfresser. Die meisten hatten anstelle von Vorderzähnen einen schnabelartig verhornten vorderen Kiefer. Die seitlichen und hinteren Zähne waren perfekt geeignet, Pflanzennahrung zu zerkleinern.

Während in der Kreidezeit besonders viele Ornithopoden lebten, gab es im Jura eine Reihe anderer ungewöhnlicher Arten. Am interessantesten war vielleicht *Heterodontosaurus*, der sich von seinen Verwandten deutlich unterschied. Dieser nur etwa 1,20 Meter große Saurier hatte zwei verschiedene Sorten von Zähnen. Vorn im Oberkiefer saßen scharfe Zähne, mit denen er Blätter abreißen konnte. Dahinter lag ein langer, spitzer Zahn, ähnlich wie ein

Gregory S. Paul

Eckzahn, und dahinter schließlich flache, geriffelte Mahlzähne, mit denen die Blätter zerkleinert wurden. Nur wenige andere Saurier hatten verschiedene Zahntypen im Maul, und der Eckzahn ist ein besonderes Kennzeichen des Heterodontosaurus. Noch sind sich die Forscher nicht ganz klar über den Zweck dieses Zahnes. Vielleicht wurde er, ebenso wie das Horn des Ceratosaurus, in Rivalenkämpfen benutzt.

Zu den schnellsten und wendigsten aller zweibeinigen Dinosaurier gehörte eine andere Gruppe der Ornithopoden, die *Hypsilophodontiden*, von denen keiner so beeindruckend war wie *Dryosaurus*. Dieser etwa drei Meter lange Pflanzenfresser lebte ungefähr zur gleichen Zeit in Nordamerika und Afrika wie Allosaurus. Man nimmt an, daß er sehr schnell laufen und so Beutejägern entkommen konnte.

Während die Ornithopoden (Vogelfüßler) schnell und wendig wie eine Antilope waren, gab es andere Ornithischier, die sich sehr viel langsamer bewegten. Zu ihnen gehörten die schwerbewaffneten und gepanzerten Dinosaurier, die trotz ihrer Langsamkeit nur selten Opfer der großen Jäger wurden. Harte Knochenplatten, spitze Hörner und schwere, keulenförmige Verdickungen an den Schwanzenden schützten sie vor ihren Feinden. Ein hungriger Fleisch-

D*ryosaurus*, ein Pflanzenfresser aus dem späten Jura, brauchte seine langen Beine, um vor Allosauriern und anderen Feinden zu fliehen.

fresser mag zweimal nachgedacht haben, ehe er sich an ihnen die Zähne ausbiß.

Zu den bekanntesten (und heute beliebtesten) dieser großen, gepanzerten Dinosaurier gehört *Stegosaurus*, der im späten Jura lebte. Er hatte große Knochenplatten auf dem Rücken und fast einen Meter lange Stacheln am Ende seines Schwanzes. Stegosaurus, der Ende des 19. Jahrhunderts entdeckt wurde, konnte bis zu 10 Metern lang und zwei Tonnen schwer werden. Sein Kopf war winzig und sein Gehirn noch kleiner als das der meisten Dinosaurier. Vermutlich streifte er durch das Land und suchte Pflanzen, von denen er sich ernährte. Wenn er angegriffen wurde, konnte er mit seinem Schwanz schlagen und sich mit den Stacheln daran verteidigen.

Obwohl Stegosaurus vor etwa einem Jahrhundert entdeckt wurde, ist er wegen seiner Knochenplatten immer interessant geblieben. Auf den meisten Darstellungen wird er mit zwei Reihen wechselständiger Knochenplatten gezeigt. Heute nehmen einige Wissenschaftler an, daß er nur eine solche Reihe besaß. Wenn dies sich als richtig erweist, dann könnte hier die Lösung auf die Frage liegen, wie Stegosaurus seine Körpertemperatur regulierte. Eine doppelte Reihe, so erklären diese Forscher, würde nützlich für die Kühlung des Tieres sein. In diesem Fall könnte man vermuten, daß es tatsächlich warmblütige Dinosaurier gegeben hat. Eine einzelne Reihe von Knochenplatten hingegen könnte dem Zweck besser dienen, Sonnenwärme zu speichern. Auf diese Weise könnte sich ein kaltblütiges Tier für eine Weile warm halten.

Allosaurus, Brontosaurus und Stegosaurus sind nur einige der vielen Dinosauriergattungen, die während der langen Periode des Jura die Erde bewohnten. Eine noch größere Vielfalt entwickelte sich aber in der Kreidezeit, die etwa vor 140 Millionen Jahren begann. Sie war das »Goldene Zeitalter« der Dinosaurier, in dem sie die Welt beherrschten – aber auch die Epoche ihres Aussterbens.

Stephen Czerkas

Einer der bekanntesten Dinosaurier des Juras ist *Stegosaurus* (links) mit seinen langen Stacheln am Schwanzende. Über die Stellung der Knochenplatten auf seinem Rücken streiten sich die Gelehrten, seitdem er vor etwa 100 Jahren entdeckt wurde. Vermutlich dienten sie dazu, die Körpertemperatur zu regulieren.

Bisher nahm man an, daß sich *Stegosaurus* langsam und behäbig durch die Landschaft des Juras bewegte (oben). Neuere Forschungen deuten aber darauf hin, daß er – ebenso wie viele seiner Zeitgenossen – doch recht beweglich war.

Eine Gruppe von Albertosauriern (links). Die Anchiceratopier (Mitte) verteidigen sich mit Hilfe ihrer Hörner, die Hypacrosaurier (rechts) fliehen.

Gregory S. Paul

KAPITEL 5

DIE LETZTE BLÜTE

Man sagt, wenn der Stamm eines Obstbaumes Wachstumsringe bekommt, dann wird er noch ein letztes Mal blühen und Früchte tragen, ehe er stirbt. Genauso erlebten auch die Dinosaurier in der Kreidezeit (vor 140 bis 65 Millionen Jahren) eine Periode enormen Wachstums, bevor sie ausstarben. Beutejagende Carnosaurier, plumpe, gepanzerte Dinosaurier und pflanzenfressende Ornithopoden fühlten sich unter den klimatischen Bedingungen der Kreidezeit wohl, sie bevölkerten alle Teile der Erde.

Dann aber veränderte sich die fruchtbare Landschaft dieser Epoche, und fast alle Dinosaurier starben aus. Einige wenige mögen das große, geheimnisvolle Aussterben vor 65 Millionen Jahren überlebt haben, doch es blieb ihnen nicht mehr viel Zeit für ihre weitere Entwicklung. Die größte Blüte der Dinosaurier in der Kreidezeit war zugleich ihre letzte.

Gegen Ende der Kreidezeit hatten die gewaltigen Kräfte der Kontinentalverschiebung die Lage der Erdteile bereits so weit verändert, daß sie weitgehend der uns heute bekannten Form und Lage der Kontinente entsprachen. Einige Ausnahmen gab es allerdings. So würden die Zeitreisenden, wenn sie sich in die Kreidezeit auf den Weg machten, ein flaches Meer vorfinden, das den Superkontinent Laurasia in zwei Hälften teilte. Die eine Hälfte, Asiamerika, bestand aus Ostasien und Nordamerika, zur anderen Hälfte dagegen gehörten Europa und das östliche Nordamerika. Drei der heute bekannten großen Kontinente, Südamerika, Afrika

und Australien, hatten sich jedoch schon völlig von den anderen Erdteilen gelöst. Es sollte allerdings noch weitere Jahrmillionen dauern, bis sie ihre heutigen Positionen erreicht hatten.

Viele Wissenschaftler gehen davon aus, daß die Kreidezeit (und besonders die letzten Jahrmillionen dieser Epoche) eine Zeit besonders intensiver vulkanischer Tätigkeit waren. Neue Bergketten entstanden, zahlreiche neue Inseln erhoben sich aus dem Meer. Wahrscheinlich brachte die Kontinentalverschiebung auch erhebliche Veränderungen der klimatischen Bedingungen mit sich. In den Erdteilen, die sich langsam den Polen näherten, hoben sich die Jahreszeiten deutlicher gegeneinander ab. Das ständig gleichbleibend feuchtwarme Klima, das ursprünglich ganz Laurasia und Gondwanaland geprägt hatte, war bald nur noch in einigen Gegenden anzutreffen.

Die Entstehung von neuen Gebirgszügen und das Auftreten härterer klimatischer Bedingungen hieß für die Dinosaurier, daß sie sich zum ersten Mal nicht mehr frei über den ganzen Kontinent bewegen konnten. So erkennt man z. B. anhand von Fossilfunden, daß sich viele der späteren Dinosaurierarten nur noch in Asiamerika weiterentwickelten.

Gleichzeitig mit den Veränderungen der Landschaftsform und des Klimas tauchten neue Pflanzen und Tiere auf, die wir – wenn auch manchmal in weiterentwickelten Formen – auch heute noch kennen. In der Frühzeit der Dinosaurier hatte es überwiegend Farne und Palmfarne gegeben, gegen Ende der Kreidezeit hatten sich aber auch bedecktsamige Blütenpflanzen und Bäume entwickelt. Eichen und Hickory-Bäume vermehrten sich rasch und breiteten sich besonders in den kälteren Gegenden aus, wo die primitiveren Pflanzen nicht überleben konnten. Reptilien

Blütenpflanzen und Bäume breiteten sich erstmals in der Kreidezeit aus. *Pterosaurier* (links) hatte es auch früher schon gegeben, aber keine waren größer als die, die in der Kreidezeit am Himmel schwebten.

Mit Ausnahme der Dinosaurier ähnelte die Tier- und Pflanzenwelt der Kreidezeit schon der, wie wir sie heute kennen. Es gab bereits Frösche, Schildkröten und Vögel. Auch Mammutbäume (Sequoia) wuchsen schon damals (rechts).

Doug Henderson © 1982 Collection of Museum of the Rockies

Doug Henderson © 1985

wie Schildkröten und Schlangen waren unter den ersten neuen Tierarten, die sich in der Kreidezeit entwickelten. Auch Frösche, Salamander und andere Amphibien breiteten sich langsam aus. Einige Vogelarten, die ihren Ursprung in der Kreidezeit haben, kennen wir noch heute. So gab es in der Kreidezeit z. B. schon Urformen von Reihern, Möwen und Regenpfeifern. Zwar vermehrten sich nun auch die Säugetiere, z. B. die Beuteltiere wie das Opossum, sie waren aber ihren Vorfahren aus älteren Zeiten noch sehr ähnlich. Die eigentliche Entwicklung der Säugetiere begann erst nach dem Aussterben der Dinosaurier.

Im Laufe der Jahrtausende veränderte sich auch das Erscheinungsbild der Dinosaurier, die die Kreidezeit bevölkerten. Keine andere Gruppe war so weit verbreitet und offenbar auch so wenig angreifbar wie die Ornithopoden, pflanzenfressende Verwandte des Heterodontosaurus und des Dryosaurus des Juras. Der bekannteste Ornithopode aus der frühen Kreidezeit ist sicherlich *Iguanodon*, den man in vielen Ausstellungen, in Museen und prähistorischen Sammlungen überall auf der Welt besichtigen kann.

Iguanodon, ein kräftiger Saurier, der knapp 10 Meter lang werden konnte, lebte in Nordamerika, Europa und Afrika, aber auch in anderen Teilen der Erde hat man vereinzelt Spuren gefunden. Offenbar konnten diese Dinosaurier auf allen vieren ebensogut wie auch nur auf den Hinterbeinen laufen. Wie viele andere Ornithopoden hatte Iguanodon im vorderen Kieferbereich keine Zähne,

Zu den bekanntesten Dinosauriern aus der Kreidezeit gehört *Iguanodon*, ein früher Vorfahre der Entenschnabel-Dinosaurier. Er konnte über neun Meter lang werden und hatte scharfe Krallen, mit denen er sich wahrscheinlich gegen Angreifer verteidigte.

sondern einen harten Schnabel, mit dem er Pflanzenteile abrupfen konnte. Seine beste Verteidigungswaffe gegen Beutejäger waren wahrscheinlich seine scharfen, spitzen Krallen. Man nimmt aber auch an, daß Iguanodonten oft in Gruppen auftraten, damit sie gegen Übergriffe von fleischfressenden Jägern besser geschützt waren.

Etwas später in der Kreidezeit entstand eine sehr sonderbare, bemerkenswerte Gruppe von Ornithopoden, die sich schnell verbreitete. Dies waren die *Hadrosaurier* oder Entenschnabel-Dinosaurier, die bis ans Ende der Dinosaurier-Ära lebten. Die Entenschnabel-Dinosaurier waren ihren Vorfahren wie z. B. Iguanodon in vieler Hinsicht ähnlich. Auch sie hatten im vorderen Bereich ihres aus Knochensubstanz gebildeten Schnabels keine Zähne, dafür aber viele Zähne im hinteren Kieferteil. Ihre Beine waren im allgemeinen länger und ihre Schwänze flacher als die der Iguanodonten, der auffallendste Unterschied war jedoch der sonderbare Knochenkamm, den viele von ihnen auf dem Kopf trugen.

Die Form und Größe dieses Kamms war von Art zu Art außerordentlich verschieden. Der Kamm von *Lambeosaurus* etwa ähnelte einem Fausthandschuh, dessen Daumen nach hinten zum Rücken des Tieres zeigte. *Tsintaosaurus* dagegen trug eine Art hohlen Stachels, ähnlich wie man ihn sich bei einem Einhorn vorstellen würde. Im Innern dieses Hornes verliefen die Atemwege. *Parasaurolophus* schließlich hatte ein eineinhalb Meter langes, röhrenförmiges Gebilde, das über dem Rücken aufragte. Bis heute hat niemand genau herausfinden können, wozu diese Knochenformen dienten. Es ist möglich, daß sie im Sozialverhalten, bei der Partnerwerbung oder bei Kämpfen eine Rolle spielten. Vielleicht benutzten die Träger hohler Knochenkämme diese

American Museum of Natural History

Dies ist der seltsame Schädel eines Entenschnabel-Dinosauriers, des etwa 12 Meter langen *Edmontosaurus* (links). Im hinteren Bereich des gewaltigen Kiefers lagen mehrere hundert Zähne, mit denen er Blätter und andere Pflanzenteile zerkleinern konnte.

American Museum of Natural History

Die Schädeldecke des *Pachycephalosaurus* (rechts) konnte bis zu 30 Zentimeter dick werden. Manche Forscher nehmen an, daß die männlichen Tiere ihre Köpfe gegeneinanderschlugen, wenn sie um Weibchen oder um Reviere kämpften.

American Museum of Natural History

auch, um damit Geräusche zu erzeugen. Aufmerksame Forscher, die die Kreidezeit besuchten, hätten eine auffallende Verhaltensähnlichkeit zwischen den Entenschnabel-Dinosauriern und heutigen Säugetieren wie Elchen oder Karibus feststellen können. Genau wie diese zeitgenössischen Pflanzenfresser zogen die Entenschnabel-Dinosaurier in Herden durch das Land. Wahrscheinlich hatten diese Saurierherden durchaus ein ausgeprägtes Sozialverhalten. Es ist nicht auszuschließen, daß einige Arten im Sommer in kühlere Gegenden zogen, um dort nach Nahrung zu suchen, und in wärmere Gebiete zurückkehrten, ehe der Winter anbrach.

Lange Zeit nahm die Wissenschaft an, daß die Entenschnabel-Dinosaurier die meiste Zeit ihres Lebens im Wasser verbrachten, ihren Schwanz zum Schwimmen benutzten und sich von der Ufervegetation ernährten. Als man jedoch ihre hinteren Zähne entdeckte und herausfand, daß abgenutzte Zähne ständig durch neue ersetzt wurden, wurde klar, daß die Hadrosaurier auch härtere Pflanzennahrung zerkleinern konnten und demnach also nicht im Wasser lebten. Diese Theorie wurde durch einen der bemerkenswertesten Dinosaurierfunde aller Zeiten bewiesen.

In der Vergangenheit hatte man schon viele Fossilien des *Anatosaurus* gefunden, eines typischen Entenschnabel-Dinosauriers der späten Kreidezeit. In den meisten Fällen bestanden diese Funde aus Knochen, die weichen Körperteile waren im Verlauf des Verwesungsprozesses zersetzt worden. Doch vor einiger Zeit haben Forscher mehrere mumifizierte Anatosaurier gefunden, deren Haut und Sehnen noch erkennbar waren. Diese Dinosaurier hatten in Alberta (Kanada) gelebt, wo es so trocken war, daß die Weichteile der Tiere nicht verfaulen konnten. Als diese Dinosaurier nun gestorben waren, trockneten ihre Haut und andere weiche Teile (darunter auch der Magen) aus, statt zu zerfallen.

Wichtige Entdeckungen warteten

Dieses Gemälde aus dem 19. Jahrhundert zeigt einen *Hadrosaurus* (links). Er war der erste Entenschnabel-Dinosaurier, der in den USA entdeckt wurde. Anfangs nahmen die Forscher an, daß diese Saurier im oder nahe am Wasser lebten. Heute weiß man, daß sie sich von Pflanzen ernährten, die in trockeneren Gebieten wuchsen.

Jüngere Forschungsergebnisse belegen, daß die Entenschnabel-Dinosaurier nicht im Wasser lebten. Dennoch waren sie gute Schwimmer, was ihnen zugute kam, wenn sie vor Feinden fliehen mußten.

Doug Henderson © 1983 From "Maia, A Dinosaur Grows Up" John Horner, James Gorman Museum of the Rockies

Auf vielen Abbildungen sieht man *Tyrannosaurus* als wuchtig-schweres Tier. Es ist aber nicht auszuschließen, daß er ein schneller Beutejäger war. Ein erschreckender Gedanke, wenn man sich seine Länge von 15 Metern, seine gewaltigen Kieferknochen und seine scharfen Zähne vorstellt.

auf die Wissenschaftler, die den Mageninhalt dieser Entenschnabel-Dinosaurier untersuchten. Sie hatten erwartet, weiche Pflanzenbestandteile zu finden, entdeckten statt dessen aber Kiefernnadeln und andere harte Nahrung. Mit solcher Kost hätten die Entenschnabel-Dinosaurier nicht einmal teilweise Wasserbewohner sein können. Trotzdem konnten sie wahrscheinlich durch kräftige Schläge mit ihrem langen, breiten Schwanz schwimmen und benutzten diese Fähigkeit auch, wenn sie sich vor Feinden in Sicherheit bringen mußten.

Sicherlich waren die Entenschnabel-Dinosaurier eine begehrte Beute der fleischfressenden Saurier der Kreidezeit. Von diesen Fleischfressern ist mit größter Wahrscheinlichkeit Tyrannosaurus der bekannteste. Er konnte über 15 Meter lang und sechs Meter hoch werden und überragte damit die meisten anderen Saurier seiner Zeit. Der schwerste Tyrannosaurus, der jemals gefunden wurde, muß über sieben Tonnen gewogen haben. Er hatte einen riesigen Kopf mit scharfen Zähnen, die bis zu 18 Zentimeter lang werden konnten. Seine Vorderbeine waren klein und schwach. Anders als die Allosaurier aus dem Jura hat er sie wahrschein-

Doug Henderson © 1983 Collection of Darren Tanke

lich überhaupt nicht benutzt. Die meisten Wissenschaftler nehmen an, daß er seine Beute mit den langen, starken Hinterbeinen festhielt, während er sie mit seinen messerscharfen Zähnen zerriß.

Entgegen der bislang herrschenden Meinung, daß Tyrannosaurus, ebenso wie Allosaurus, ein schrecklicher Jäger gewesen sei, besagen neuere Forschungsergebnisse, daß er möglicherweise zu groß und zu schwer war, um seine Beute zu jagen.

Einige Forscher nehmen aufgrund dieser Theorie an, daß er sich von den Kadavern anderer Saurier ernährte. Sollte dieser große Fleischfresser, von dem besonders in Kanada und den USA viele Fossilien gefunden wurden, der aasfressende Geier der Urzeit gewesen sein – und nicht, wie bisher vermutet, der reißende Tiger?

Bei anderen Fleischfressern der Urzeit kann kein Zweifel daran bestehen, daß sie ihre Beute tatsächlich jagten. *Ornithomimus* z. B. war ein mittelgroßer Dinosaurier mit einem langen Hals, der seine Entdecker an den Vogel Strauß erinnerte. Seine starken Beine waren für schnelles Laufen wie geschaffen. Dieser Fleischfresser hat wahrscheinlich kleine Tiere und Insekten gefressen, die er mit seinen kleinen, bewegli-

Hier wird Tyrannosaurus als schneller, beweglicher Jäger dargestellt. Viele Forscher gehen davon aus, daß er seine winzigen Vorderbeine gar nicht benutzte, sondern seine Beute mit den Hinterbeinen festhielt und mit den bis zu 18 Zentimeter langen Zähnen zerriß.

Gregory S. Paul

D*einonychus* war wesentlich kleiner als Tyrannosaurus, aber mindestens so gefährlich. Er war nur vier Meter lang, hatte aber ein ausgezeichnetes Gleichgewichtsgefühl und messerscharfe Klauen, mit denen er seine Beute zerlegte.

chen Händen fing. Seltsamerweise hatte Ornithomimus keine Zähne, sondern einen verhornten Schnabel, mit dem er seine Nahrung zerdrückte – so wie es auch viele unserer heutigen Eidechsen tun.

Noch seltsamer war der gewaltige *Spinosaurus*, ein 12 Meter langer Fleischfresser. Auf seinem Rücken trug Spinosaurus ein segelartiges Gebilde aus Haut und dünnen Knochenfortsätzen der Wirbel, das bis zwei Meter hoch aufragte. Viele Forscher neigen zu der Annahme, daß dieses »Segel« Spinosaurus zur Regulierung und Stabilisierung der Körpertemperatur diente.

Zweifellos war der gefährlichste Echsenbecken-Saurier der erst vor etwa 20 Jahren entdeckte *Deinonychosaurus*, der der Schrecken aller anderen Erdbewohner seiner Zeit gewesen sein muß.

Wenn unsere Zeitreisenden die Kreidezeit erforschen wollen, sollten sie immer die Augen nach auf Beute-

Doug Henderson © 1983 Collection of Phil Tippett

jagd umherstreifenden Deinonychosauriern offenhalten.

Am besten bekannt aus dieser Gruppe ist *Deinonychus*, der vier Meter lang wurde und auf seinen Hinterbeinen lief. Er war bewaffnet mit scharfen Zähnen, gelenkigen, schlanken Armen und Händen, an denen je drei scharfe Klauen saßen.

Obwohl es mehrere ihm ähnliche Saurierarten gab, besaß Deinonychus ein vergleichsweise großes Gehirn und einen starken, starren Schwanz, der ihm ein exzellentes Gleichgewicht gab. Mit diesen Vorteilen gegenüber anderen Sauriern seiner Zeit muß er ein hervorragender Jäger gewesen sein.

Aber Deinonychus hatte noch eine andere gefährliche Waffe: eine sichelförmige Klaue an jedem seiner Hinterbeine. Packte er nun eine Beute mit den Armen, richtete er sich auf ein Bein auf, wobei er seinen Schwanz als Stütze benutzte. Mit der Sichelklaue des freien Beines riß er den Bauch seines Beutetieres auf. Nur wenige Dinosaurier waren gegen solche Attacken gefeit, zumal Deinonychus vermutlich auch noch in Gruppen jagte und seine Beute aus dem Hinterhalt überfiel.

Es gab noch einige andere Dinosaurier in der späten Kreidezeit, die über ähnlich wirkungsvolle Waffen verfügten. *Velociraptor* z. B. war zwar nur zwei Meter lang, hatte aber ebenfalls an jeder Hand drei Klauen und auch Sichelklauen an den Hinterbeinen. Doch auch diese gefährlichen Dinosaurier waren verwundbar. Im Jahre 1971 machten einige Forscher einen außerordentlich interessanten Fund: das Skelett eines Velociraptor, der beim Angriff auf einen *Protoceratops* gestorben war. Offensichtlich hatte der Angreifer seiner Beute die Eingeweide aufgerissen, gleichzeitig hatte sich der Protoceratops aber mit seinen Hörnern am Kopf zur Wehr gesetzt. Die beiden Saurier waren ineinander verknäuelt gestorben, ohne daß einer von ihnen als Sieger aus dem Kampf hervorgegangen wäre.

Während man über die Physiologie und die Jagdgewohnheiten des Deinonychus und ähnlicher Dinosaurier recht genaue Erkenntnisse gewonnen hat, läßt ein Verwandter, *Deinocheirus*, viele Fragen offen. Im Jahre 1965 fand man in der Wüste Gobi ein Paar seiner Vorderbeine. Seit dieser Zeit wird intensiv nach weiteren Überresten gesucht. Die Arme von Deinocheirus waren mehr als 2,5 Meter lang, also wesentlich länger als die aller anderen bekannten Deinonychosaurier. An jedem seiner drei Finger sitzt eine 25 Zentimeter lange, messerscharfe gebogene Kralle. Er muß ein wirklich grauenerregender Jäger gewesen sein.

Angesichts solch furchterregender Fleischfresser wären die pflanzenfressenden Saurier der Kreidezeit hilflos gewesen, wenn sie nicht wirkungsvolle Verteidigungswaffen entwickelt

C*hasmosaurus* hatte ein auffallend großes Nackenschild (rechts). Wie die Zeichnung zeigt, war dieses Schild bei weitem nicht so massiv, wie es schien.

Nur ein schwerbewaffneter Dinosaurier wie dieser *Triceratops* (unten) konnte sich auf einen Kampf mit einem Tyrannosaurus einlassen. Offensichtlich stieß dieser bis neun Meter lange Pflanzenfresser häufiger mit großen Jägern zusammen. Wegen seiner scharfen Hörner konnte er durchaus gegen sie bestehen.

American Museum of Natural History

hätten. Die Entenschnabel-Dinosaurier konnten bei Gefahr ins Wasser fliehen. Andere, langsamere Tiere wurden von der Natur mit unglaublichen Waffen und Panzern zum Schutz gegen herumstreifende Jäger ausgestattet. So wurde die Kreidezeit zum goldenen Zeitalter der gehörnten und gepanzerten Dinosaurier.

Die vielfältigste Familie dieser wehrhaften Pflanzenfresser war die der *Ceratopsier. Triceratops*, der bekannteste und größte unter ihnen, zog in großen Gruppen durch das westliche Nordamerika. Wie beeindruckend muß eine Herde dieser Riesentiere gewesen sein, wenn man schon beim Gedanken an die Büffelherden des 19. Jahrhunderts ins Staunen gerät! Der über neun Meter lange und sechs Tonnen schwere Triceratops war mit einem hohen Nackenschild gut geschützt. Als Waffen trug er drei lange, spitze Hörner am Kopf. Schon diese äußeren Merkmale schützten ihn vor vielen Jägern, zusätzlich aber konnte Triceratops noch außerordentlich schnell laufen. So war er für keinen Fleischfresser eine leichte Beute. Andere, weniger bekannte Ceratopsier hatten noch auffälligere Nackenschilde und Hörner als der Triceratops. So hatte z. B. *Pentaceratops* fünf Hörner, *Styracosaurus* trug ein Nackenschild aus vielen langen, gebogenen Spitzen.

So seltsam sich diese Beschreibungen auch anhören, die Ceratopsier waren bei weitem nicht die ungewöhnlichsten Dinosaurier ihrer Zeit. Die *Ankylosaurier* trugen noch ausgefeiltere Verteidigungswaffen als die merkwürdigsten Ceratopsier. Meist handelte es sich um Knochenplatten, Hörner, Stacheln und scharfkantige Körperauswüchse. Mit diesem Waffenarsenal machten die Ankylosaurier ihren Mangel an Schnelligkeit wett. Sie waren zwar plump und langsam, konnten aber dennoch relativ unbehelligt grasen.

A *lbertosaurus* (rechts) war ein großer, kräftiger Jäger. Dennoch war er wahrscheinlich einem *Monoclonius* mit einem Nackenschild aus Stacheln und einem spitzen Horn nicht gewachsen.

C *hasmosaurus* mit seinem riesigen Nackenschild war ein seltsamer Anblick. Da er zusätzlich zu seinen gewaltigen Waffen auch noch ein Herdentier war, dürfte ein hungriger Tyrannosaurus einen schweren Stand gehabt haben.

Gregory S. Paul

Ankylosaurus z. B. war vollständig mit einem dicken Panzer bedeckt, sein Kopf wurde von Stacheln geschützt, und am Schwanzende trug er eine keulenartige Verdickung aus Knochensubstanz. Wenn er bedroht wurde, duckte er sich, um seine empfindliche Bauchseite zu schützen. Dann schlug er mit der »Keule« seines Schwanzes nach dem Feind.

Tyrannosaurus, Triceratops und Ankylosaurus waren die größten und am besten ausgerüsteten Dinosaurier der späten Kreidezeit, einer Zeit, in der die Dinosaurier die beherrschenden Tiere der Erde waren. Es gab so viele von ihnen, daß die Forscher bei Ausgrabungsarbeiten immer wieder ins Staunen gerieten. Und alle hatten Millionen von Jahren überlebt. Dennoch starben sie, wie alle Dinosaurier, am Ende der Kreidezeit aus. Die Suche nach der Ursache dieses plötzlichen und vollständigen Aussterbens nährt immer wieder Debatten unter Wissenschaftlern überall auf der Welt, und es wird wohl noch lange dauern, bis eine endgültige Antwort auf diese Frage gefunden wird – wenn sie sich überhaupt finden läßt.

Obwohl das Aussterben der Dinosaurier möglicherweise für immer ein Geheimnis bleibt, bemühen sich die Forscher, dieses Geheimnis zu lüften – und entdecken dabei immer mehr Einzelheiten über das Leben der Dinosaurier. Für diejenigen, die sich die Eigenheiten der Saurier nur schwer vorstellen können, beginnen die Wissenschaftler jetzt sogar damit, Filme über das Leben der Dinosaurier zu produzieren.

Ein ruhiges Bild aus der Kreidezeit. Diese Nester des *Maiasaurus* (»Gute-Mutter-Echse«) legen den Gedanken nahe, daß diese großen Echsen ein gutes Familienleben führten.

Doug Henderson © 1985 Collection of Los Angeles County Museum of Natural History

KAPITEL 6

DAS PRIVATLEBEN DER DINOSAURIER

Durch das Studium der fossilen Knochen der Dinosaurier können die Wissenschaftler eine Vielzahl von Erkenntnissen gewinnen. Bevor ein fast vollständiges Skelett eines Tyrannosaurus in einem Museum aufgestellt wird, hat es den Forschern eine Reihe von Informationen geliefert. Man kann anhand der Knochen nicht nur feststellen, ob der Dinosaurier auf zwei oder vier Beinen lief und Rückschlüsse auf die Größe und Kraft ziehen, man kann auch bestimmen, ob er Fleisch, weiche Früchte oder harte Blätter fraß. Zwar ist die Methode der Altersfeststellung nicht so genau wie das Zählen der Jahresringe eines Baumes, aber man kann doch durch die Lage der Fossilien in den Gesteinsschichten etwa erkennen, wann ein Dinosaurier lebte und welches seine Zeitgenossen waren.

So wertvoll und aussagekräftig diese Fossilfunde auch sind, so haben sie doch bis vor kurzem manche Fragen der Wissenschaft unbeantwortet gelassen. Was für ein Familienleben führten die Dinosaurier? Hatten sie eine soziale Struktur, wie wir sie heute von vielen Tieren kennen? Welche Farbe hatten sie? Wie Hotton vom Smithsonian Institute erklärt: »Manchmal fällt es schwer, sich daran zu erinnern, daß die Dinosaurier Lebewesen waren, die sicherlich auch ein faszinierendes soziales Leben hatten.« Hotton und andere Paläontologen haben Versuche unternommen, die Lebensgewohnheiten der Dinosaurier noch genauer zu klären.

Frühere Forscher, die sich auf die allerersten Fossilfunde verlassen mußten, zeichneten ein relativ langweiliges Bild der Dinosaurier. Sie nahmen an, daß die Tiere grau oder braun waren, sich langsam voran-

Stephen Czerkas

Der neun Meter lange *Maiasaurus* wacht über seine Jungen, die wahrscheinlich in einer von der Mutter gescharrten Mulde ausgebrütet wurden. Im Jahre 1978 fand der Paläontologe John R. Horner einige interessante Belege über das Gemeinschaftsleben der Dinosaurier.

Dieser junge *Maiasaurus* (»Gute-Mutter-Echse«), der hier durchs Gebüsch späht (oben), hat wahrscheinlich die ersten Jahre seines Lebens unter dem Schutz seiner Mutter und anderer erwachsener Tiere in einem sozialen Verband aus mehreren Familien verbracht.

bewegten und meist Einzelgänger waren. Manche gingen sogar davon aus, daß einige gut bekannte Arten, darunter Brontosaurus und andere Sauropoden, zu schwer waren, um sich an Land zu bewegen, und die meiste Zeit im Wasser ausruhten. Man nahm an, daß die Dinosaurier, so wie die meisten unserer heutigen Reptilien, Eier legten und diese dann sich selbst überließen.

Die ersten Ausstellungen in Museen und frühe Bücher über Dinosaurier verbreiteten diese »Erkenntnisse«, die oft nichts anderes waren als eine Mischung aus Vermutungen, Hypothesen und Vorurteilen. Einige dieser Ansichten waren sogar so weit verbreitet, daß manche Paläontologen neuere Erkenntnisse ignorierten – sie nahmen ganz einfach an, daß alles, was den schon bestehenden Meinungen widersprach, falsch sein mußte.

Das wohl auffälligste Beispiel für diese Haltung hat mit dem in Kapitel 5 erwähnten Anatosaurus zu tun. Als im Jahre 1922 Forscher zum ersten Mal im Magen dieses Sauriers Kiefernnadeln und andere harte Pflanzennahrung fanden, kümmerten sich viele der Wissenschaftler nicht um den Beweisgehalt dieser Entdeckung. Schließlich »wußte« doch jeder, daß Entenschnabel-Dinosaurier die meiste Zeit ihres Lebens im Wasser verbrachten! Sie sahen doch sogar ein wenig wie Enten aus. Erst als im Jahre 1964 der Paläontologe John Ostrom vom Peabody Museum in New Haven die Forschungsberichte noch einmal analysierte, kam man endgültig zu dem Schluß, daß Anatosaurus und wahrscheinlich auch alle anderen Entenschnabel-Dinosaurier Landbewohner waren.

Ostrom ist einer von vielen Wissenschaftlern, die versuchen, neue Infor-

Doug Henderson © 1984 From "Maia, A Dinosaur Grows Up" John Horner, James Gorman Museum of the Rockies

mationen über das Familien- und Gemeinschaftsleben der Dinosaurier zu finden. Zu dieser Gruppe gehört auch John R. Horner, Paläontologe am »Museum of the Rockies« in Montana. Horner fand Anzeichen dafür, daß einige Dinosaurierarten in komplexen Familienverbänden lebten. Im Jahre 1978 fanden Horner und sein Forschungsteam auch Beweise, daß unter den Grasebenen von Montana einer der bedeutsamsten Funde aller Zeiten lag: ein fossiles Bett von jungen Entenschnabel-Dinosauriern. Diese Skelette waren, ebenso wie die Funde von Jungtieren anderer Saurierarten, in den Forschungsberichten bisher noch nahezu unberücksichtigt. Was dann aber zutage kam, als die Ausgrabungen voranschritten, übertraf die Erwartungen bei weitem.

Die Forscher fanden ein muldenförmiges Nest mit 15 fossilen Skeletten junger Dinosaurier. Die etwa einen Meter langen Jungtiere waren offensichtlich nicht neugeboren, benutzen das Nest aber dennoch weiterhin. Horner und seine Mitarbeiter fanden bei den Arbeiten Hunderte von ganzen und zerbrochenen Eiern sowie mehrere Dutzend Skelette aller Größen – von Babies bis zu ausgewachsenen Dinosauriern. In der Nähe dieses ersten Nestes entdeckten sie viele andere Nester. Der Fund führt zu der Annahme, daß hier mehrere Familien von Dinosauriern gemeinsam lebten und ihre Jungen aufzogen. Horner nannte die Tiere *Maiasaurus* oder »Gute-Mutter-Echse«.

Schon die Arbeit auf einer so reichen Ausgrabungsstelle muß ungemein aufregend gewesen sein. Daß die Forscher dabei aber noch auf eine Reihe von Nestern und Dinosauriern aller Altersstufen stießen, war ein Durchbruch. Erstmals konnte man sichere Beweise dafür vorlegen, daß Dinosauriereltern sich um ihre Jungen kümmerten. Nach der Geburt blieben die Jungtiere noch eine Zeit-

Doug Henderson © 1984

Nicht nur Eltern und Jungtiere wurden in den Nestern der großen *Maiasaurus*-Kolonie in Montana gefunden (links), sondern Tiere aller Größen und Alter. Möglicherweise lebten diese Dinosaurier in Gruppen zusammen, um besser vor Feinden geschützt zu sein.

Der junge *Maiasaurus* (rechts) ähnelte natürlich seinen Eltern, wie man an diesem Skelett erkennen kann. Mit den starken Hinterbeinen, den vierfingrigen Händen und den kräftigen Kieferknochen war er als Pflanzenfresser gut ausgerüstet.

lang im Nest und wurden von den Eltern mit Blättern und anderer Pflanzennahrung versorgt. Erst wenn die Jungen stark genug waren, allein auf Nahrungssuche zu gehen, verließen sie das Nest. Man nimmt an, daß Maiasaurus aus demselben Grund in großen Gruppen zusammenlebte und Nester baute, wie es heute die Kormorane und Pelikane tun: in der Gruppe waren sie vor Beutejägern besser geschützt.

Die bemerkenswerten Erkenntnisse über das Familienleben der Maiasaurier verdanken wir einem großen paläontologischen Fund. Andere Entdeckungen sind das Ergebnis langwieriger und komplizierter Untersuchungen im Labor, bei denen die fossilen Funde analysiert wurden. Mit solchen Laboruntersuchungen hat man z. B. erste Erkenntnisse über die Sinnesorgane der Dinosaurier gewonnen, ebenso über ihre Intelligenz und ihre Bewegungen.

Seit langem schon wissen die Forscher, daß die Dinosaurier – gemessen an ihrer Größe – ein relativ kleines Gehirn hatten. Daher rührt auch die landläufige Meinung, daß die Dinosaurier dumme, herumwatschelnde Kolosse gewesen seien. Sicherlich wird kein Paläontologe behaupten, daß die Dinosaurier so intelligent gewesen seien wie unsere heutigen Säugetiere. Weil aber die Dinosaurier 160 Millionen Jahre lang auf der Erde überleben konnten, fragen sich viele Wissenschaftler, wie sie den relativen Mangel an Intelligenz aufgewogen haben könnten. »Kein Wesen hat so lange und so erfolgreich wie die Dinosaurier überlebt, ohne dabei Intelligenz oder Anpassungsfähigkeit zu zeigen«, sagt Hotton.

Stephen Czerkas

C*amarasaurier* (Vordergrund) und *Camptosaurier* auf einer großen Schlammfläche. Versteinerte Fußspuren dieser Tiere gaben den Forschern wichtige Informationen über die Lebensbedingungen der Dinosaurier und das Tempo ihrer Wanderungen.

Heute sind viele Forscher zu der Ansicht gelangt, daß ein Faktor für das außergewöhnlich lange Überleben der Dinosaurier auf ihre gut angepaßten Sinnesleistungen zurückzuführen ist. Man nimmt an, daß sie hervorragend hören und sehen konnten und einen ausgeprägten Geruchssinn besaßen. Wenn nun ein Deinonychus aus dem Hinterhalt eine Gruppe von Pflanzenfressern überfallen wollte, konnten diese ihn durch seinen Geruch orten und schnellstens fliehen.

Laboruntersuchungen der Schädel und der sonderbaren Knochenkämme und Hörner der Entenschnabel-Dinosaurier weisen darauf hin, daß möglicherweise viele dieser Tiere kräftige Grunz- oder Bell-Geräusche von sich geben konnten. Vielleicht benutzten sie ihre Stimme, um andere Tiere vor Angriffen zu warnen, so wie wir es heute von Zebras und anderen Herdentieren kennen.

Die wichtigsten Aufschlüsse über das Verhalten der Dinosaurier haben die Wissenschaftler allerdings aus der Erforschung von Fußspuren gewonnen, einzelner Abdrücke ebenso wie ganzer Spurenketten. Diese Abdrücke entstanden, wenn die Dinosaurier auf nicht ganz trockenem Schlamm gingen. Im Laufe der Zeit versteinerten die Spuren. Anhand der Spuren kann man vielfältige Informationen über Größe, Gewicht und Gangart der Saurier finden, aber auch über ihr soziales Verhalten. So zeigt eine im »Dinosaur State Park« in Connecticut erhaltene Spurenreihe den gleichmäßigen Zug von mehreren Dutzend *Eubontes*, einer noch weitgehend unerforschten Dinosaurierart aus dem Jura.

Anhand der Spuren kann man auch erkennen, daß manche Dinosaurierarten in Herden lebten und durch das Land zogen. Viele Spuren, die alle in die gleiche Richtung zeigen, beweisen, daß Iguanodon, Triceratops und andere Saurier auf ihrer Nahrungssuche lange Strecken zurückgelegt haben. Heute ziehen in Afrika Antilopen und andere Säugetiere in großen Herden Hunderte von Kilometern weit durch die Serengeti, um Nahrung zu finden. In ihrem Gefolge kommen Raubtiere und Aasfresser. Es ist sehr wahrscheinlich, daß auch die Wanderungen der Dinosaurier vor vielen Millionen Jahren ähnlich verliefen.

Die Annahme, daß viele Dinosaurier Herdentiere waren, gibt weitere Hinweise auf ihr Sozialverhalten. So finden wir heute bei den meisten Säugetieren, die in Herden leben, bestimmte Rituale, die festlegen, welches Tier die Herde anführt. Manche Widder rammen die Hörner gegeneinander, Seelöwen liefern sich blutige Kämpfe, Elche benutzen ihre Schaufeln, um Kämpfe um die Herdenführung auszutragen. Man kann annehmen, daß es auch bei den Dinosauriern solche Rituale gab, in denen möglicherweise manche der sonderbaren Hörner benutzt wurden.

Natürlich kann man anhand der Spuren auch erkennen, welche Lebensräume die einzelnen Dinosaurierarten bevorzugten. So fand man heraus, daß die Brontosaurier und andere Sauropoden beileibe keine Wasserbewohner waren. Diese großen Tiere lebten auf dem Land, sie zogen es sogar den Sümpfen und Feuchtgebieten vor, die man zuerst für ihren Lebensraum gehalten hatte.

Durch die Untersuchung der Abstände zwischen den einzelnen Fußabdrücken konnten die Forscher auch herausfinden, wie schnell sich die Dinosaurier bewegen konnten. Es ist wenig überraschend, daß Brontosaurier und andere Sauropoden nicht gerade zu den Flinksten gehörten,

Anhand der Fußspuren konnten die Wissenschaftler erkennen, daß diese *Centrosaurier*, wie viele andere Arten auch, in großen Herden durch das Land zogen. Auf der Suche nach Nahrung legten sie lange Strecken zurück.

Gregory S. Paul

schneller als ca. acht Kilometer pro Stunde konnten sie wahrscheinlich nicht laufen. Andere Dinosaurier waren jedoch wesentlich beweglicher. Zu den schnellsten gehörten die kleineren Fleischfresser, die Geschwindigkeiten von bis zu 56 km/h erreichen konnten. Wenn es sie heute noch gäbe, dann wären sie schneller als ein Mensch, aber langsamer als ein Pferd oder ein Hund. Im Allgemeinen waren die größeren Fleischfresser langsamer als die kleineren, noch langsamer waren die großen Pflanzenfresser. Trotzdem waren die Dinosaurier offensichtlich beweglicher, als man bisher annahm.

Auch wenn die fossilen Funde den Forschern eine Menge Information geben konnten, sind noch immer

Wer weiß, welche Farbe die Dinosaurier wirklich hatten? Früher nahm man an, daß sie grau oder braun waren, aber es ist gut möglich, daß sie – wie viele Eidechsen heute – leuchtend rote, grüne oder gelbe Muster hatten.

Doug Henderson © 1984 Collection of Phil Tippett

viele Fragen offen. Zwar nimmt heute keiner mehr an, daß alle Dinosaurier grau waren, aber über ihre tatsächliche Färbung ist bisher nichts bekannt. Heute kennen wir Reptilien in allen Farben, von Schwarz bis zu hellgrün oder Gelb. Warum also sollten die Dinosaurier nicht auch farbig gewesen sein? Den einzigen Hinweis auf diese Frage gibt der Fund eines mumifizierten Anatosaurus. Seine Haut ist mit auffälligen Flecken bedeckt, die früher einmal ein leuchtend farbiges Muster gewesen sein können.

Man wird wohl auf weitere Funde und Entdeckungen warten müssen, um diese und andere Fragen beantworten zu können.

K A P I T E L 7

WARMBLÜTER ODER KALTBLÜTER?

Die Theorie war so einfach und logisch, daß sie über Jahre hinweg weitgehend akzeptiert wurde: Weil Dinosaurier Reptilien waren und weil alle heute bekannten Reptilien Kaltblüter sind, folgerten die Wissenschaftler, daß auch die Dinosaurier Kaltblüter gewesen sein müssen. Obwohl diese Theorie sich nur auf logischen Schlußfolgerungen und nicht auf Beweisen gründete, haben selbst Experten keine Notwendigkeit gesehen, sie wissenschaftlich zu überprüfen. So wie die Experten ignorierten, daß Anatosaurus ein Landbewohner war (obwohl das durch Analysen seines Mageninhaltes doch bewiesen war), ignorierten sie hier den Mangel an fundierten Beweisen und zogen vor zu glauben, was sie für wahr *hielten*.

In den 60er Jahren jedoch, einer Zeit, als die Paläontologie einen Aufschwung erlebte, begannen einige Forscher, sich dieser Frage anzunehmen. Sie überlegten, daß Dinosaurier durchaus auch Warmblüter gewesen sein konnten. Der hartnäckigste Verfechter dieser Ansicht ist wohl Robert T. Bakker vom Museum der Universität von Colorado. »Ich habe noch nie einen überzeugenden Beweis dafür gesehen, daß Dinosaurier Kaltblüter gewesen sein sollten«, erklärt er. »Diese Theorie fußt nur auf Tradition, aber das reicht doch nicht aus, um daran zu glauben.«

Tatsächlich wurde an diese »alte« Tradition nicht immer so fest geglaubt, wie Bakker erläuterte. In den 1890er Jahren, als die Wissenschaftler mit der Rekonstruktion

J. Martin Natvig/Office of Public Relations University of Colorado, Boulder. Hand colored by R. W. Kosturko

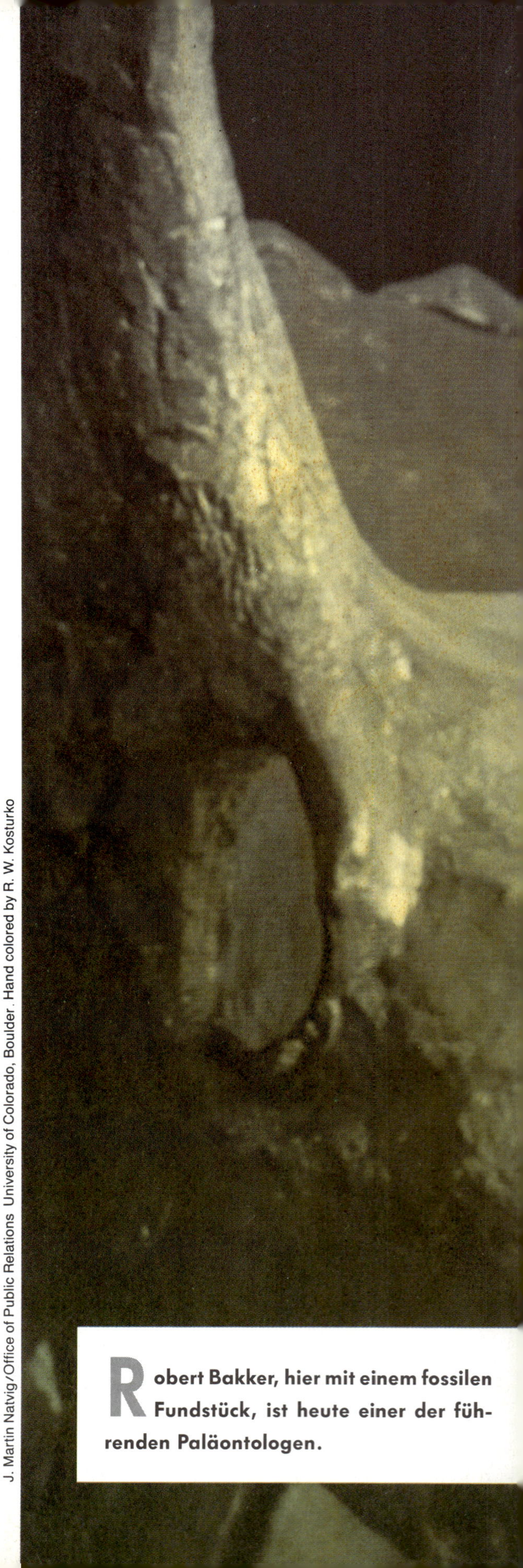

Robert Bakker, hier mit einem fossilen Fundstück, ist heute einer der führenden Paläontologen.

Stephen Czerkas

S*tegosaurus* ist ein Streitobjekt in der Debatte zwischen den Forschern, die glauben, Dinosaurier seien Kaltblüter gewesen und denen, die das Gegenteil behaupten. Die Anordnung der Knochenplatten auf seinem Rücken ist von beiden Seiten als Beweis ins Feld geführt worden und hat somit auch kein Ergebnis gebracht.

der allerersten Dinosaurier begannen, dachten viele von ihnen, die Dinosaurier seien Warmblüter gewesen. »Erst später«, erklärt Bakker, »lehnte man diese Ansicht ab.«

Doch auch heute vertreten viele anerkannte Paläontologen, darunter auch Hotton, die Ansicht, daß Dinosaurier Kaltblüter gewesen seien. Auf die Frage, warum denn dieses Problem als eines der wichtigsten in der Dinosaurier-Forschung gelte, erklärte Bakker: »Weil dies der ausschlaggebende Faktor dafür ist, wie die Dinosaurier lebten und wie sie sich verhielten.«

Wenn nun tatsächlich die Dinosaurier Kaltblüter waren, dann hätte dem langsamen Brontosaurus, dem behäbigen Stegosaurus und all den anderen die Möglichkeit gefehlt, ihre Körpertemperatur zu regulieren. Also wären sie von der Wärme ihrer tropischen Umgebung abhängig gewesen. Und das wiederum würde bedeuten, daß die Zeiten ihrer Aktivität sehr beschränkt gewesen wären. Um extremen Temperaturen auszuweichen, hätten sie nachts und bei kühlerer Witterung relativ inaktiv werden müssen. Um die Mittagszeit hingegen hätten sie Schatten suchen müssen, um sich nicht zu überhitzen.

Waren die Dinosaurier jedoch Warmblüter, hätten sie bei unterschiedlichen Temperaturen und Klimabedingungen aktiv sein und so auch Gebiete bevölkern können, die ihnen als Kaltblüter verschlossen geblieben wären. Unsere heutigen Vögel und Säugetiere brauchen 90 Prozent ihrer Nahrung, um daraus Energie zu gewinnen. Außerdem sind sie durch Fell, Federn oder isolierende Fettschichten gegen Temperaturen geschützt, die Kaltblüter nicht

Kaltblütige Tiere wie dieser *Phytosaurus* aus der Trias (oben) oder auch unsere heutigen Reptilien brauchen viel weniger Nahrung zum Überleben als Warmblüter wie Löwen und Wölfe. Sie sind aber auch sehr viel empfindlicher gegen Temperaturschwankungen.

Wenn *Tyrannosaurus* und andere Beutejäger Warmblüter gewesen sind, dann konnten sie z. B. die *Maiasaurier* wesentlich aktiver verfolgen. Noch ist es der Forschung aber nicht gelungen, einen Beweis zu finden.

überleben könnten. Eine andere Forschergruppe nimmt an, daß die ersten Säugetiere nur deshalb überleben konnten, weil sie ihre Nahrung nachts suchten – zu einer Zeit also, als die Dinosaurier (wenn sie denn kaltblütig waren) der Kälte wegen inaktiv sein mußten. Heute bevölkern Vögel und Säugetiere die Arktis, ein Gebiet, in dem es ebenfalls keine Reptilien gibt.

Warmblüter können nicht nur in kälteren Klimaten überleben, sie können auch über eine längere Zeitdauer gleichbleibender Energie produzieren als Kaltblüter. Insofern können sie sich schneller und ausdauernder bewegen als ein Reptil, selbst wenn es von der Sonne durchwärmt ist. Natürlich hat diese Energieproduktion ihren Preis: Warmblüter müssen bis zu zehnmal mehr fressen als Reptilien gleicher Größe. Darum benötigen fleischfressende Warmblüter eine wesentlich höhere Zahl an Beutetieren, um überleben zu können.

Aufgrund dieser Überlegung analysierte Bakker noch einmal die bisher vorliegenden Forschungsberichte. Er ging von der Annahme aus, daß ein einzelner Fleischfresser, der in einer größeren Gruppe von Pflanzenfressern gefunden worden war, ein Anzeichen dafür sei, daß dieser Fleischfresser ein Warmblüter gewesen sein mußte. Da Warmblüter einen besonders hohen Nahrungsbedarf hatten, ist es wahrscheinlich, daß die große Gruppe von Pflanzenfressern Beutetiere gewesen sein müssen. War das Verhältnis ausgewogener, dann lag die Vermutung nahe, daß es sich um kaltblütige Tiere gehandelt haben mußte, die einen niedrigeren Nahrungsbedarf hatten.

Diese Untersuchungen haben gezeigt, daß die Menge von Beutejägern, gemessen an der Anzahl von vermeintlichen Beutetieren, die man am gleichen Ort fand, relativ gering war. Diese Tatsache stützt die Vermu-

Gregory S. Paul

tung, daß zumindest einige der fleischfressenden Dinosaurier Warmblüter waren. Hotton und andere Vertreter seiner Theorie wiesen jedoch darauf hin, daß man Fossilfunde auf verschiedene Weise interpretieren kann. So können z. B. Unterschiede hinsichtlich des Lebensraumes oder auch der Knochenstruktur dazu geführt haben, daß Pflanzenfresser leichter zu Fossilien wurden als die Knochen von Fleischfressern. Auch dies kann eine Erklärung für die Kombination von wenigen Fleischfressern und vielen Pflanzenfressern an einem Fundort sein. Zudem läßt es sich heute schwer belegen, welche Tiere die bevorzugte Beute bestimmter Fleischfresser gewesen sein könnten.

Andere Fossilfunde könnten jedoch aufschlußreicher sein. John Ostrom, Bakker und andere Forscher haben neue Anzeichen dafür gefunden, daß zumindest einige Dinosaurier eine Möglichkeit gehabt haben müssen, ihre Körpertemperatur durch ihren Blutkreislauf zu regulieren. Eines der überzeugendsten Argumente hat mit der Körperhaltung der Tiere zu tun. Dieses Kriterium ist immer wieder von Forschern benutzt worden, um Dinosaurier und andere Reptilien voneinander zu unterscheiden. Die Vorläufer der Dinosaurier haben sich, ebenso wie unsere heutigen Reptilien, kriechend vorwärtsbewegt. Ihre Beine waren seitlich vom Körper abgewinkelt, ihr Rumpf bewegte sich nahe über dem Boden. Durch diesen Körperbau war es ihnen nicht möglich, aufrecht zu stehen. Wie wir aber schon in Kapitel 2 gesehen haben, waren einige Dinosaurier, darunter auch Tyrannosaurus und alle Entenschnabel-Dinosaurier, durchaus in der Lage, aufrecht zu stehen.

Die einzigen Tiere unserer Zeit, die über diese Fähigkeit verfügen, sind Vögel und Säugetiere – und beides sind Warmblüter. Wenn man Verglei-

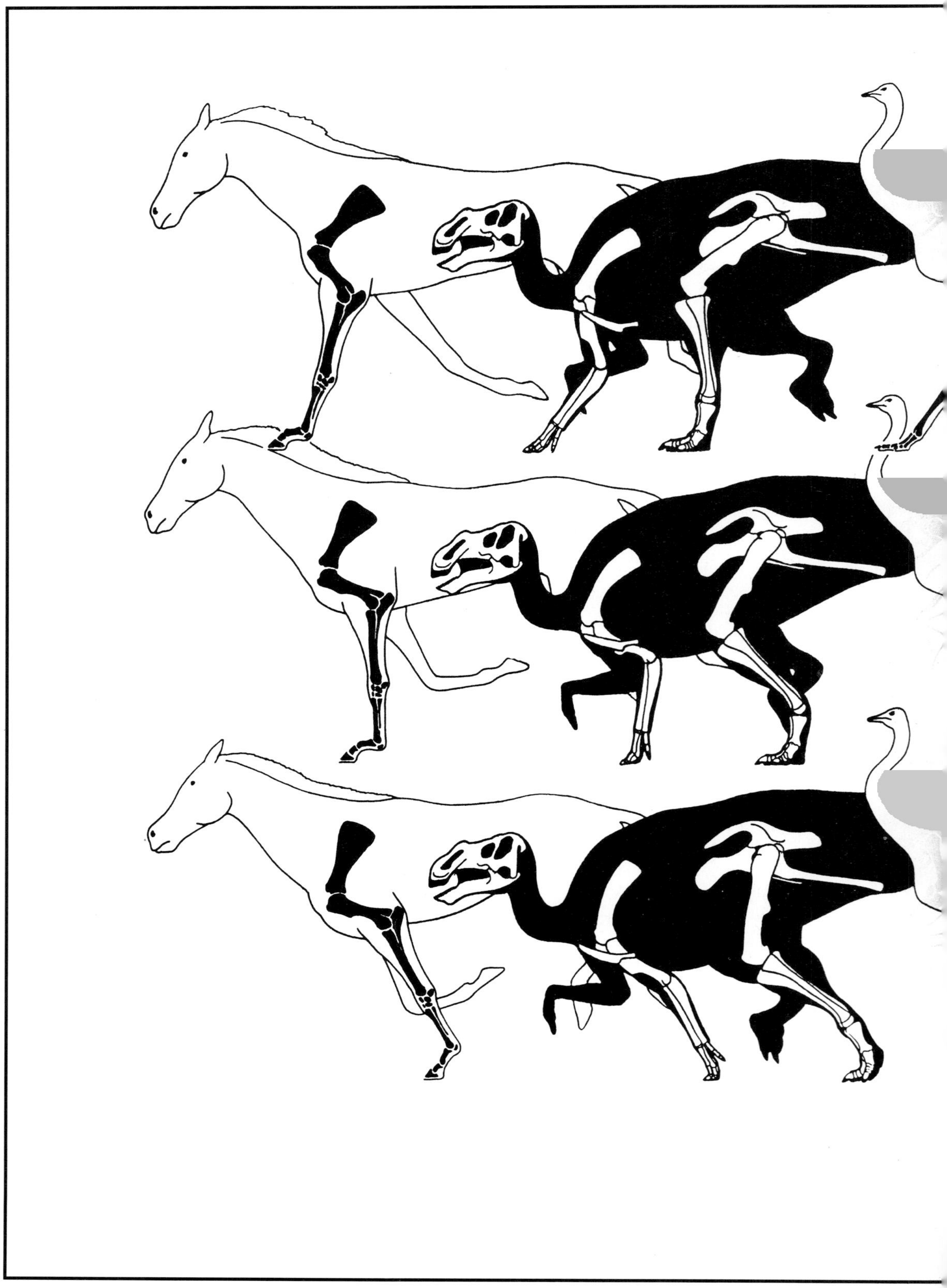

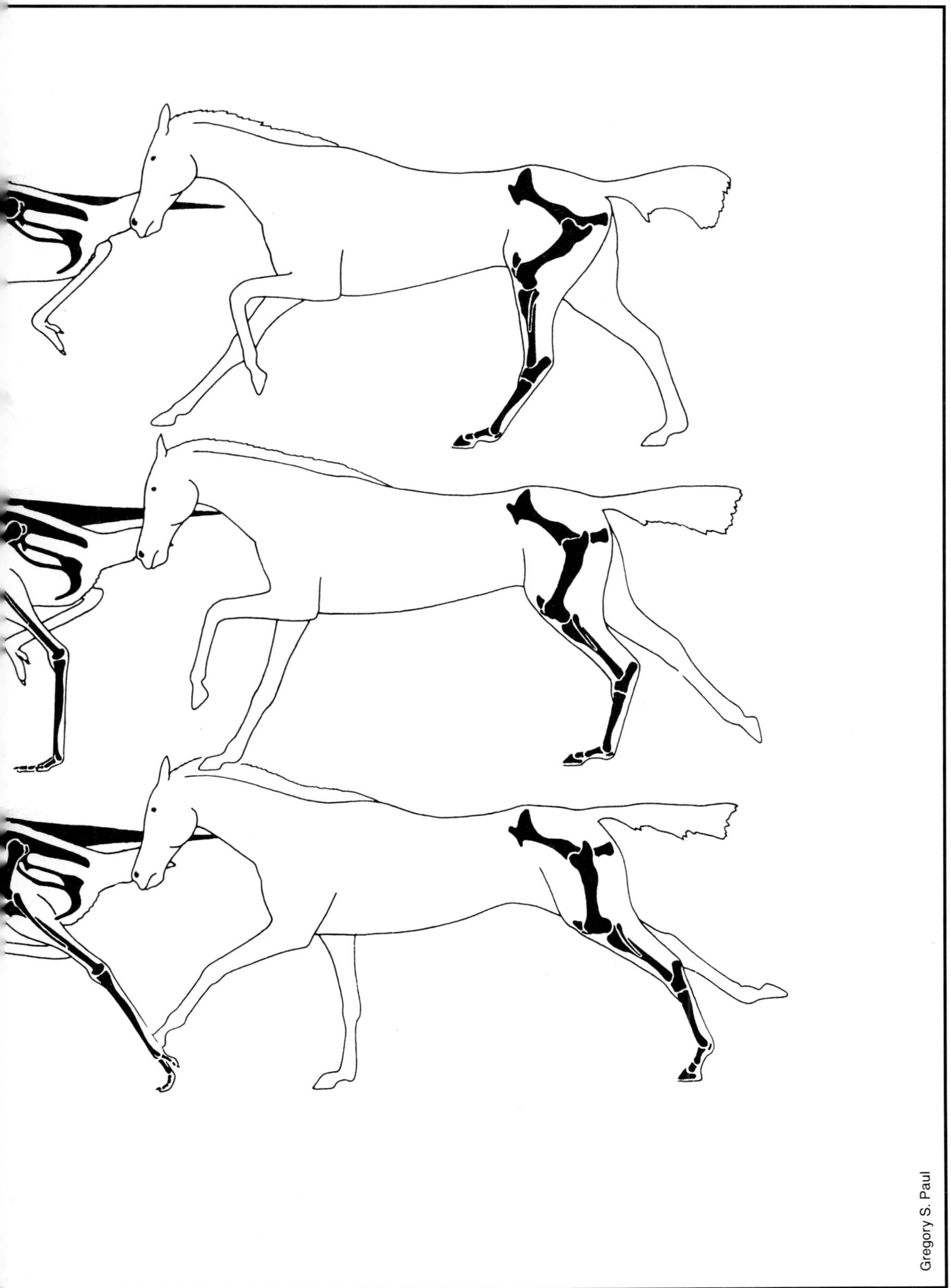

Das Skelett der Dinosaurier weist darauf hin, daß zumindest einige der größeren Tiere Warmblüter waren. Diese Zeichnung zeigt, daß die Bewegungen eines laufenden Dinosauriers denen des Pferdes und des Straußes (beides Warmblüter) ähnlich sind.

Gregory S. Paul

che anstellt, dann liegt die Vermutung nahe, daß auch viele Dinosaurier aufrecht stehen konnten und demnach Warmblüter gewesen sein müssen.

Noch deutlicher sind die Anzeichen, die man an Skelettfunden der letzten Jahrzehnte beobachten kann. Viele dieser Funde stellen das Bild der Dinosaurier als langsame, plumpe und träge Wesen in Frage, ganz besonders die Entdeckung des *Deinonychus* (siehe Seite 60–61). Dieser zweibeinige Saurier hatte schlanke, muskulöse Hinterbeine, die für schnelles Laufen wie geschaffen waren. Ohne Zweifel jagten diese Raubsaurier ihre Beute und zerfleischten sie dann mit den scharfen Klauen an ihren Hinterbeinen. Leoparden und andere Säugetiere jagen ihre Beute auf diese Weise, kaltblütige Reptilien aber könnten nie die dafür notwendige Schnelligkeit und Ausdauer aufbringen. Ihr Herz-Kreislauf-System ist schlicht nicht in der Lage, lange genug die Energie für solche aktiven Bewegungen zu liefern.

»Es besteht kein Zweifel daran, daß Deinonychus und andere verwandte Beutejäger Warmblüter gewesen sein müssen«, erklärt Bakker. »Wenn man sich aber die Strukturen anderer Dinosaurier ansieht, dann kommt man zu dem Schluß, daß die meisten oder auch alle ein entsprechendes System der Wärmeregulierung gehabt haben können.« Wie in aufwendigen mikroskopischen Untersuchungen festgestellt wurde, haben Reptilien langsam wachsende Knochen mit sehr dichter Struktur, die ein den Jahresringen bei Bäumen ähnliches Muster zeigen.

Die Knochen von Säugetieren dagegen haben eine lockerere Struktur mit vielen Kanälen, die in der Vergrößerung wie dunkle Löcher aussehen. Diese Kanäle sind von lockerer Knochensubstanz umgeben und enthalten

Was war der *Allosaurus* (rechts) wirklich? Ein urzeitlicher Aasfresser, zu ungeschickt, um seine Beute selbst zu fangen? Oder war er ein grausames Raubtier, das seine Beute bis zur Erschöpfung jagte? Man wird es nie mit Sicherheit wissen.

Doug Henderson © 1986

Viele zeitgenössische Wissenschaftler widersprechen der Theorie, daß die Dinosaurier langsame, plumpe Tiere gewesen seien. Wie diese Illustration zeigt, könnten Beutejäger wie *Dilophosaurus* (links) durchaus auch geschmeidige, schnelle Jäger gewesen sein.

Blutgefäße. Dieses Kanalsystem war bisher nur bei Warmblütern bekannt. Als nun Forscher die Knochen von Dinosauriern mikroskopisch untersuchten, fanden sie heraus, daß diese mehr Ähnlichkeit mit den Knochen von Säugetieren als mit denen von Reptilien aufweisen. Auch Dinosaurierknochen sind von einem Netz von Kanälen durchzogen, was man als Beweis dafür sehen könnte, daß Dinosaurier Warmblüter waren.

Um dieses Argument zu widerlegen, führen andere Wissenschaftler an, daß auch die Knochen einiger Reptilien (z. B. der Seeschildkröten) ein Röhrensystem besitzen, während die Knochen kleiner Vögel und Säugetiere relativ wenige dieser Kanäle zeigen. Allen Tieren, die kompakte Knochen haben, ist ein Charakteristikum gemeinsam: sie sind alle relativ groß. Das mag darauf hindeuten, daß die Struktur der Knochen mehr mit der Größe des Tieres als mit seiner Körpertemperatur zu tun hat.

So nimmt der Streit kein Ende. Viele Forscher nehmen an, daß zumindest einige Dinosaurier Warmblüter waren. Und die meisten sind sicher, daß Deinonychus, Oviraptor und andere Jäger ein System zur Regulierung ihrer Körpertemperatur besessen haben, das es ihnen erlaubte, schnell und ausdauernd zu jagen. Wenn diese Annahmen richtig sind, dann müssen diese Dinosaurier unseren heutigen Raubtieren in Verhalten und Biologie recht ähnlich gewesen sein.

Die größeren Dinosaurier mögen tatsächlich Kaltblüter gewesen sein, so wie unsere heutigen Krokodile und Alligatoren. Die riesigen Sauropoden wie etwa Brontosaurus wären schon wegen ihrer Größe wahrscheinlich schlicht nicht in der Lage gewesen, solche ungeheuren Mengen zu fressen, wie sie zur Erhaltung ihrer Körpertemperatur benötigt hätten.

Untersuchungen an heutigen Reptilien geben Hinweise darauf, daß die

E s ist durchaus möglich, daß *Allosaurier* Warmblüter waren. Aber es kann auch sein, daß die großen Sauropoden wie dieser *Seismosaurus*, ähnlich wie die großen Alligatoren unserer Tage, durch eine dicke Fettschicht ausreichend isoliert waren.

Dinosaurier wahrscheinlich in der Lage waren, Wärme zu speichern, statt sie zu produzieren. Wissenschaftler haben herausgefunden, daß größere Reptilien ihre Körpertemperatur leichter stabil halten können als kleinere, weil sie eine größere Masse besitzen.

Die Körpertemperatur eines kleinen Alligators gleicht sich der Außentemperatur relativ schnell an, während sie sich bei größeren Alligatoren langsamer verändert. Große Dinosaurier, wenn deren 80-Tonnen-Körper mit einer dicken, isolierenden Fettschicht umgeben war, waren wahrscheinlich ähnlich gut gegen Temperaturschwankungen geschützt. Da die Reptilien

in warmen Klimaten lebten, hatten sie unter extrem kalten Bedingungen nicht zu leiden und mußten keine extremen Temperaturschwankungen ausgleichen.

Die Leidenschaft, mit der Bakker und seine Anhänger ihre Theorie vertreten, läßt darauf schließen, daß diese Diskussion noch lange nicht abgeschlossen ist. Im Jahre 1978 wurden bei einem Kongreß in Amerika so viele unterschiedliche Meinungen zu diesem Thema zusammengetragen, daß sie ein ganzes Buch füllten. »Es ist fast unmöglich, unter Paläontologen Übereinstimmung über ein Thema zu finden«, klagt Bakker. »Und ganz sicher nicht über dieses Thema!«

Haben die Dinosaurier lebende Nachfahren? Hier entwirft der Zeichner eine mögliche Entwicklung vom Flugsaurier zu unseren heutigen Vögeln.

KAPITEL 8

DINOSAURIER MIT FLÜGELN?

Gibt es noch lebende Dinosaurier? Ist es möglich, daß Brontosaurus oder Tyrannosaurus in Afrikas Urwäldern oder in der Wüste Gobi sein Unwesen treibt? Die Antwort muß sicherlich »Nein« lauten. Solche mythischen Überbleibsel wird man kaum finden. Dafür kann man in jeder Großstadt die Nachkommen der Dinosaurier antreffen, man muß nur an die Spatzen denken, oder an die Tauben, die die Parks bevölkern. Sie könnten durchaus gefiederte, körnerfressende warmblütige Dinosaurier sein.

Wie genau wir auch eine Taube oder einen Sperling betrachten, es wird uns schwerfallen, eine Ähnlichkeit zwischen diesen zierlichen Vögeln und den massigen, erdgebundenen Dinosauriern zu finden. Es ist, als wollte man einen Elefanten und einen Schmetterling vergleichen.

Und doch sind sich die Forscher einig, daß die Vögel, wenn auch nicht direkt mit den Dinosauriern, so doch in gewisser Weise mit den Reptilien verwandt sind. Wenn man den Flügel eines Vogels auf einem Röntgenbild sieht, erkennt man eine deutliche Ähnlichkeit zu dem Bein einer Eidechse. Die Jungen des Hoazin, eines sonderbaren Vogels aus den südamerikanischen Urwäldern, tragen an jedem Flügel eine reptilähnliche Kralle. Diese und andere Ähnlichkeiten (z. B. auch, daß Vögel und Reptilien Eier legen) weisen darauf hin, daß unsere heutigen Vögel, vom Kolibri bis zum Adler, ihre Ahnen unter den Reptilien finden könnten.

Die Forscher hätten wahrscheinlich nie für möglich gehalten, daß die Vögel von den Dinosauriern abstamm-

American Museum of Natural History

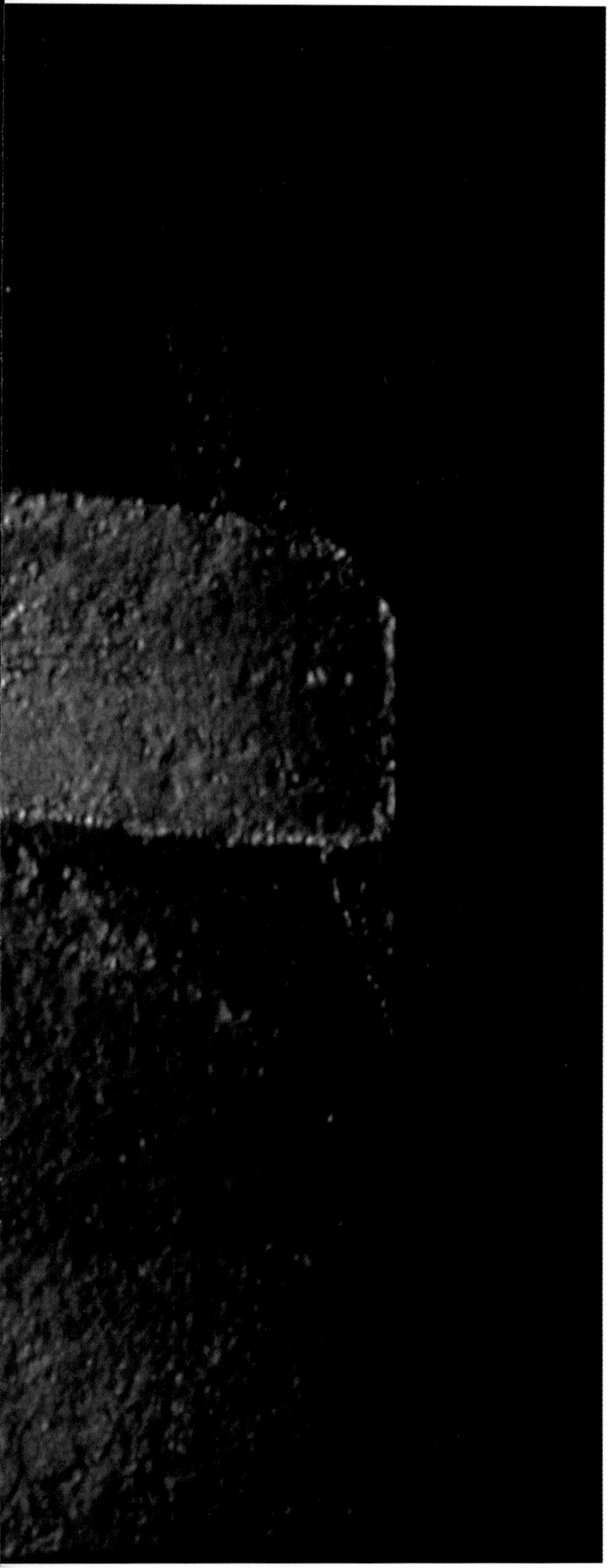

ten, wenn es nicht im Jahre 1861 eine bedeutsame Entdeckung gegeben hätte. Paläontologen entdeckten in Deutschland die sehr gut erhaltenen Reste eines Geschöpfes aus dem späten Jura. Bei seinem Tod vor 150 Millionen Jahren muß das Tier in Schlamm gefallen sein, der aushärtete und es konservierte, bevor sich Aasfresser darüber hermachen konnten. Zuerst nahmen die Forscher an, einen kleinen Fleischfresser gefunden zu haben, ähnlich vielleicht einem Coelurosaurier, beweglichen kleinen Zweibeinern, wie sie zuerst in der späten Trias gefunden wurden. Bei näherem Hinsehen machten die Wissenschaftler allerdings eine verblüffende Entdeckung: das kleine Reptil hatte ein Federkleid.

Der kleine gefiederte Dinosaurier war knapp einen Meter lang und hatte dünne, feinknochige Beine. Seine Zehen waren lang und schmal, in seinen schlanken Kiefern fanden sich scharfe Zähne. Seine feingliedrigen Arme und der lange knöcherne Schwanz waren mit Federn bedeckt, deren Abdruck im Schlamm gut erhalten geblieben war. Die Entdecker nannten ihren Fund *Archaeopteryx* (»alter Flügel«) und fanden bald heraus, daß er noch einige andere Merkmale mit Vögeln gemeinsam hatte. Besonders auffällig war das Gabelbein, das auch heute noch bei allen Vögeln zu finden ist – aber bei keinem anderen Tier.

Es war eindeutig, daß Archaeopteryx mit seinen scharfen Zähnen, dem knochigen Schwanz und anderen Merkmalen mit den Reptilien verwandt war. Viele Wissenschaftler verneinten allerdings zuerst die Möglichkeit einer Verwandtschaft zwischen diesem urtümlichen Vogel und den

Auf den ersten Blick sehen die Knochen dieses kleinen Tieres wie die eines Dinosauriers aus. Sieht man aber genauer hin, dann entdeckt man die Federn an Armen und am Schwanz. Es ist der 1861 entdeckte *Archaeopteryx*, der einen ersten Hinweis darauf lieferte, daß Vögel und Dinosaurier verwandt sein könnten.

Dinosauriern. Sie nahmen an, daß die Reptilien und dieses vogelähnliche Wesen sich aus einem gemeinsamen Vorfahren entwickelt hatten, wahrscheinlich aus den Thecodontiern. Dies war tatsächlich eine Verbindung zwischen Vögeln und Dinosauriern, wenn auch eine schwache.

Der Angelpunkt der Diskussionen war ein kleiner Bestandteil der Anatomie des Archaeopteryx: das Gabelbein. Dieses Gabelbein, das eine etwas ungewöhnliche Form hatte (es erinnerte an einen Bumerang), hatte sich offensichtlich aus den Schlüsselbeinen entwickelt. Die Coelurosaurier, die Archaeopteryx noch am ähnlichsten waren, konnten sich aus einem ganz einfachen Grund nicht zu Vögeln weiterentwickelt haben: sie besaßen überhaupt keine Schlüsselbeine. So zumindest argumentierten die Zweifler an dieser Theorie.

Der Forschungsstreit um dieses Thema setzte sich fort, bis in den 70er Jahren verschiedene Fossilfunde neue Erkenntnisse brachten. Man fand heraus, daß Velociraptor und andere Coelurosaurier eben doch Schlüsselbeine besaßen, aus denen sich durchaus das Gabelbein des Archaeopteryx entwickelt haben könnte. Manche Forscher nehmen sogar an, daß die meisten Coelurosaurier Schlüsselbeine besaßen, daß man diese nur in den teilweise zerstörten fossilen Skeletten unter ähnlichen Knochen übersehen hatte.

Nachdem das Rätsel nun teilweise gelöst war, begannen sich einige Forscher auf die sonstigen Gemeinsamkeiten zwischen den agilen Coelurosauriern und den Urvögeln zu konzentrieren. Wie viele unserer heutigen Vögel hatten auch die Coelurosaurier auffallend leichte, hohle Knochen, lange Hälse, sehr lange Hinterbeine und eine nach hinten gerichtete Kralle an den Füßen. Diese Kralle benutzen viele unserer Vögel, um sich an Ästen festzuhalten. Die Forscher kamen schließlich zu dem Ergebnis, daß Archaeopteryx so viele Gemeinsamkeiten mit Coelurosauriern hatte, daß er wahrscheinlich mit ihnen verwandt war. Im Grunde war er ein Dinosaurier mit Flügeln und Federn.

Die Debatte um die Abstammung des Archaeopteryx wurde in den letzten Jahren abgelöst durch eine nicht weniger lebhafte Diskussion über die Lebensweise der Urvögel. So sind sich z. B. bis heute die Wissenschaftler nicht darüber einig, welche Funktion die Flügel hatten oder zu welchem Zweck sich aus den Schuppen der Coelurosaurier Federn entwickelten. Manche nehmen an, daß die Federn den Dinosauriern halfen, ihre Wärme zu bewahren. Andere vermuten, daß sie durch die Federn beim Jagen leichter die Balance halten konnten. Es ist auch möglich, daß die Dinosaurier durch die Federn weiter springen oder schneller ihre Richtung ändern konnten.

Unter den Wissenschaftlern, die annehmen, daß Archaeopteryx seine Federn schon zum Fliegen benutzte, dreht sich die Diskussion um die Frage, ob er wohl ein geschickter Flieger war. Sicherlich waren seine Flugkünste nicht so ausgeprägt wie die unserer heutigen Vögel, denn ihm fehlte das kräftige Brustbein, an dem die ausgeprägte Muskulatur zum Schlagen der Flügel verankert ist. Wahrscheinlich konnten die Urvögel mit flatternden Bewegungen nur kurze Strecken fliegen oder mit Hilfe des Windes segeln. Weiterhin stellt sich die Frage, welchen Lebensraum die fliegenden Saurier wohl bevorzugten. Einer jüngeren Theorie zufolge könnte der Archaeopteryx durchaus ein Baumbewohner gewesen sein. Seine »Arme« waren mit Federn bedeckt, zusätzlich saßen an den Fingern aber spitze Klauen. Einige Forscher nehmen an, daß der Urvogel an das Leben auf Bäumen gut angepaßt

Auf dieser Illustration sind die Ähnlichkeiten des *Archaeopteryx* zu den Dinosauriern und auch zu den Vögeln sehr gut zu erkennen. Seine Federn, die Krallen an den Füßen und seine Haltung erinnern an Vögel. Seine kräftigen Kiefer mit den scharfen Zähnen dagegen weisen deutlich auf die Verwandtschaft mit den Reptilien hin.

American Museum of Natural History

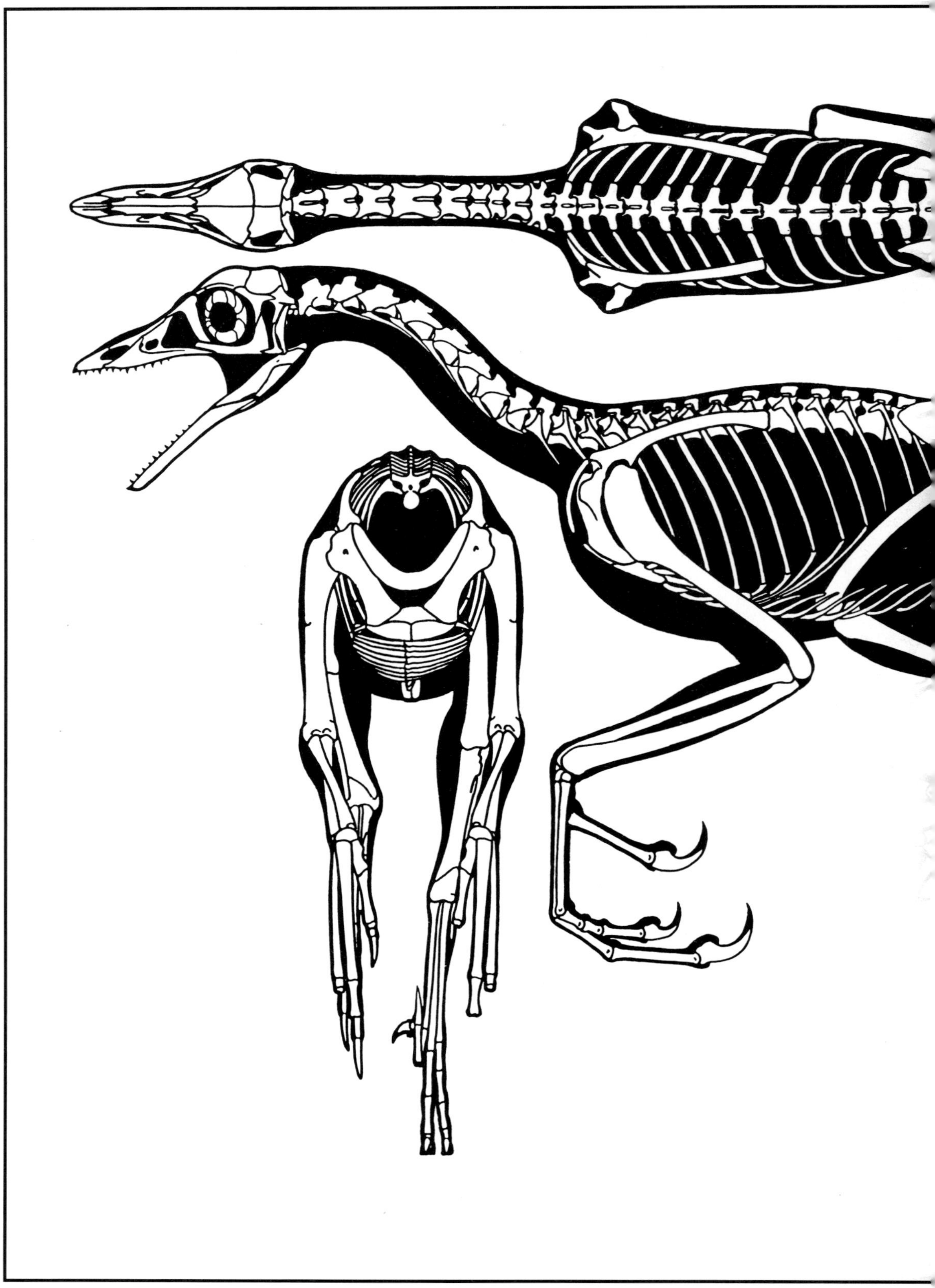

Auf diesen Zeichnungen vom Skelett des *Archaeopteryx* erkennt man deutlich seine Ähnlichkeit mit den Dinosauriern, besonders den Coelurosauriern. Mit Hilfe der Schlüsselbeine, die sich zu einem Gabelbein entwickelt hatten, konnte er wahrscheinlich kürzere Strecken flatternd zurücklegen.

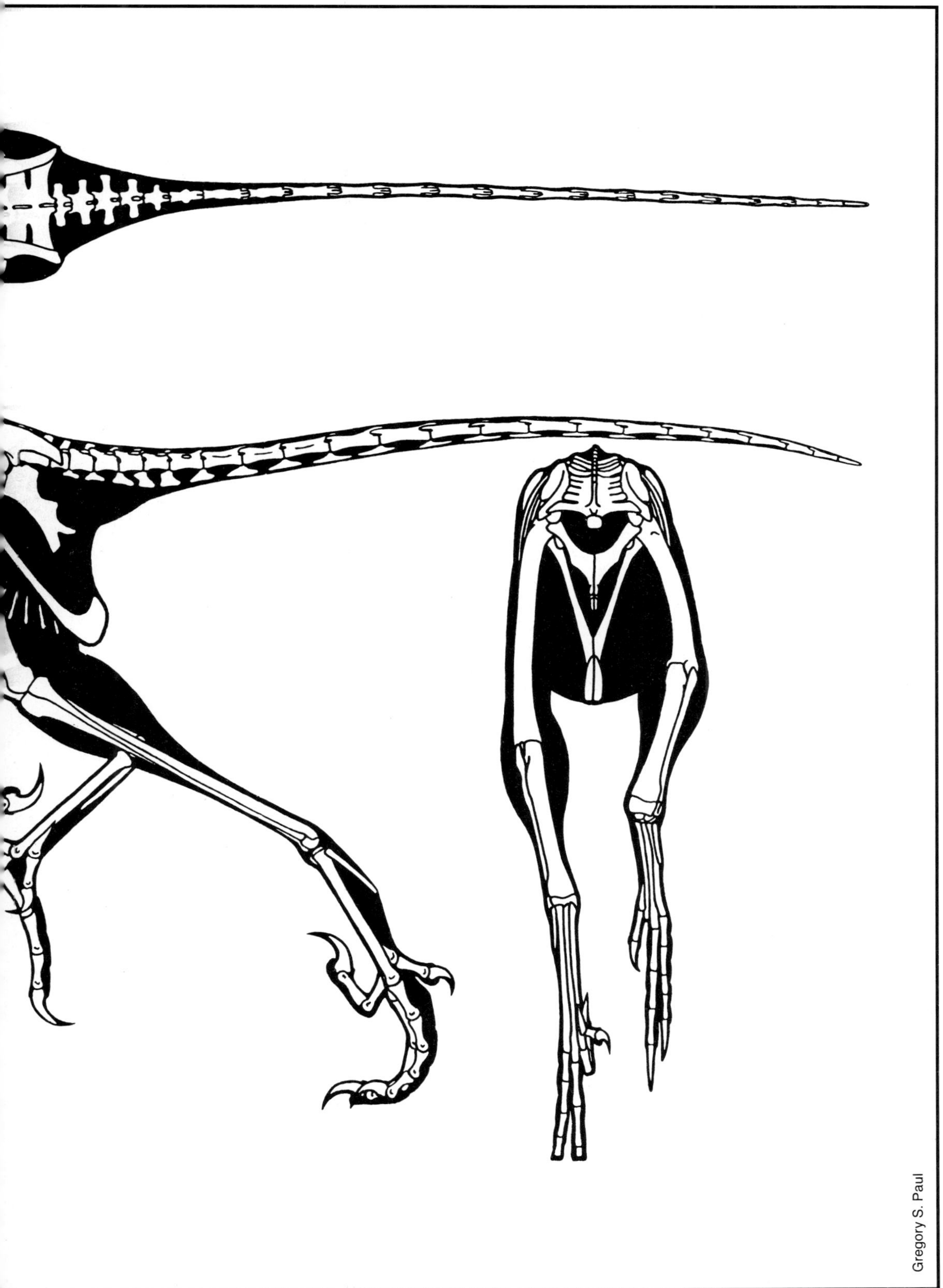

war, indem er seine starken Hinterbeine und die Krallen an den Fingerspitzen zum Klettern benutzte. Möglicherweise gelangte Archaeopteryx auch durch flatternde Bewegungen auf die unteren Äste und glitt dann, durch Flattern oder Segeln, wieder zum Boden zurück. Aus einem schattigen Versteck hinter Blättern hatten diese Urvögel sicherlich bessere Möglichkeiten, größeren Beutejägern zu entgehen. Die niedrigeren Temperaturen im Schatten der Blätter haben möglicherweise auch die Entwicklung eines dichteren Federkleides als Isolierung begünstigt.

Bis vor kurzem beschränkten sich die Untersuchungen über Urvögel auf Archaeopteryx, da andere Fossilfunde nicht vorlagen. Im Jahre 1985 jedoch entdeckte ein russisches Forscherteam in der Mongolei das Skelett eines *Avimimus* (»Vogelnachahmer«) aus der späten Kreidezeit. Seine dünnen Beine und großen Augen zeigen viel Ähnlichkeit mit unseren heutigen Vögeln. Intensive Untersuchungen des Skelettes ergaben, daß Avimimus wahrscheinlich auch ein Federkleid besaß.

Diese wichtige Entdeckung wurde bald von einer weiteren übertroffen. Im Jahre 1986 fand Sankar Chatterjee, Paläontologe an der Universität von Texas, das Skelett eines Tieres, das älter war als Avimimus und Archaeopteryx. »Wir haben es *Protoavis* (›erster Vogel‹) genannt«, erklärt Chatterjee. »Er stammt aus der Trias, ist also mehr als 225 Millionen Jahre alt. Wir nehmen an, daß er das fehlende Glied zwischen den Vögeln und den Dinosauriern ist.«

Protoavis mag tatsächlich die Antwort auf die Frage bringen, wann genau sich die Entwicklung der Vögel von der der Dinosaurier löste. »Wir haben uns immer gefragt, wie Archaeopteryx, der vor 150 Millionen Jahren lebte, der erste Vogel sein konnte. Schließlich gab es schon kurze Zeit später Reiher, Enten und andere Vögel, die unseren heutigen sehr ähnlich sahen«, sagt Chatterjee. »Das war einfach nicht genug Zeit für Archæopteryx, um sich zu einem ›normalen‹ Vogel zu entwickeln.«

Protoavis, der 75 Millionen Jahre vor Archaeopteryx lebte, stammt aus einer ganz anderen Epoche. Chatterjee hält ihn für einen unbestreitbaren Ahnen unserer Vögel und nimmt an, daß Archaeopteryx lediglich das Ende eines »toten Zweiges« am Stammbaum der Evolution darstellt. Chatterjee erklärt: »Der Protoavis hatte hohle Knochen, ein gut ausgebildetes Gabelbein und auffallend große Augenhöhlen, wie wir sie von allen Vögeln kennen.« Was noch wichtiger ist: Protoavis hatte das ausgeprägte Brustbein zur Verankerung der Muskeln, die die Flügel bewegen. Dieses Charakteristikum fehlte Archaeopteryx. Auch wenn bei dem Fossilfund des Protoavis keine Federn gefunden wurden, nimmt Chatterjee an, daß feine Erhöhungen an den Gliedmaßenknochen des Tieres auf ein Federkleid hinweisen.

Nicht alle Paläontologen sind so

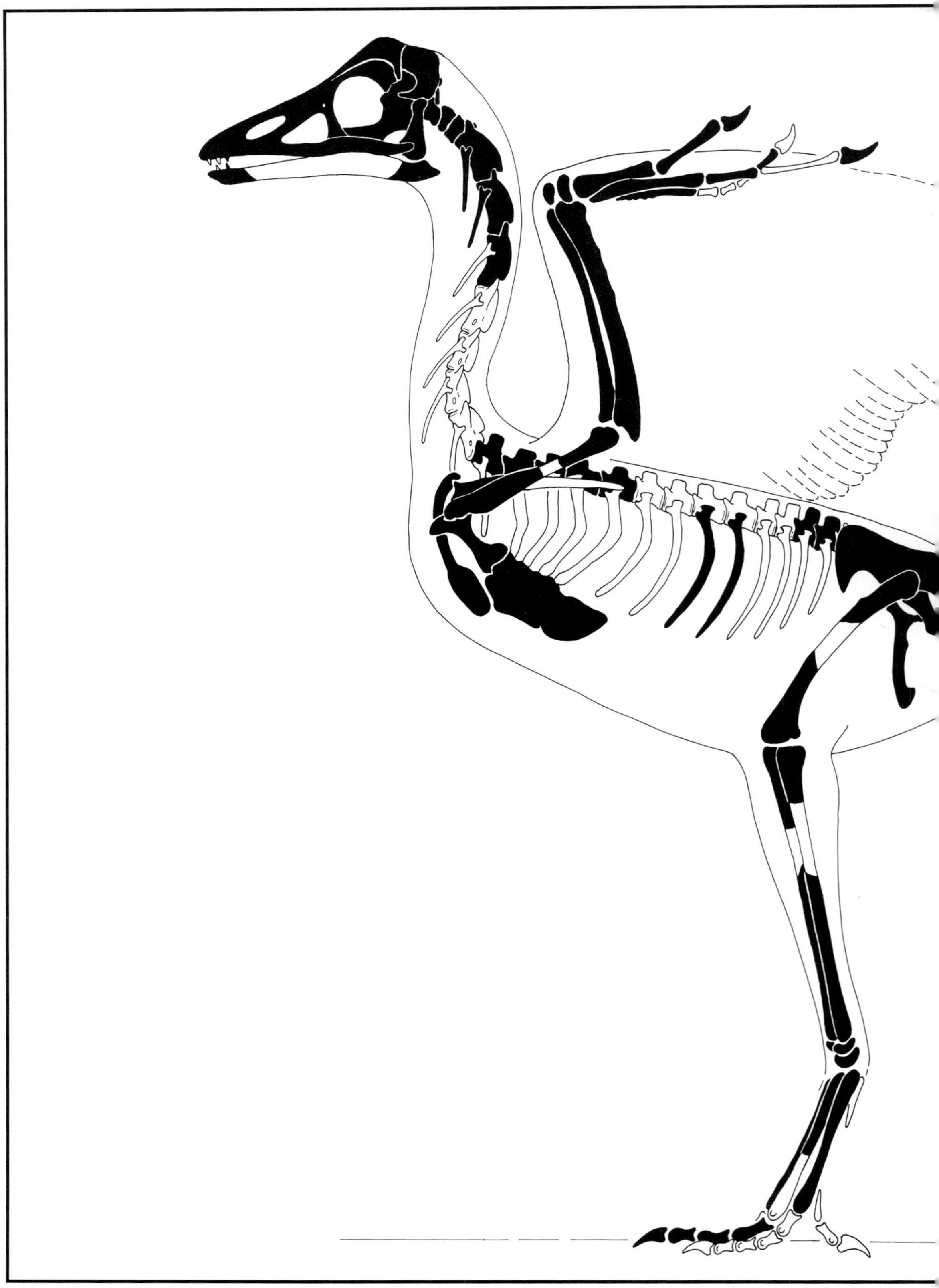

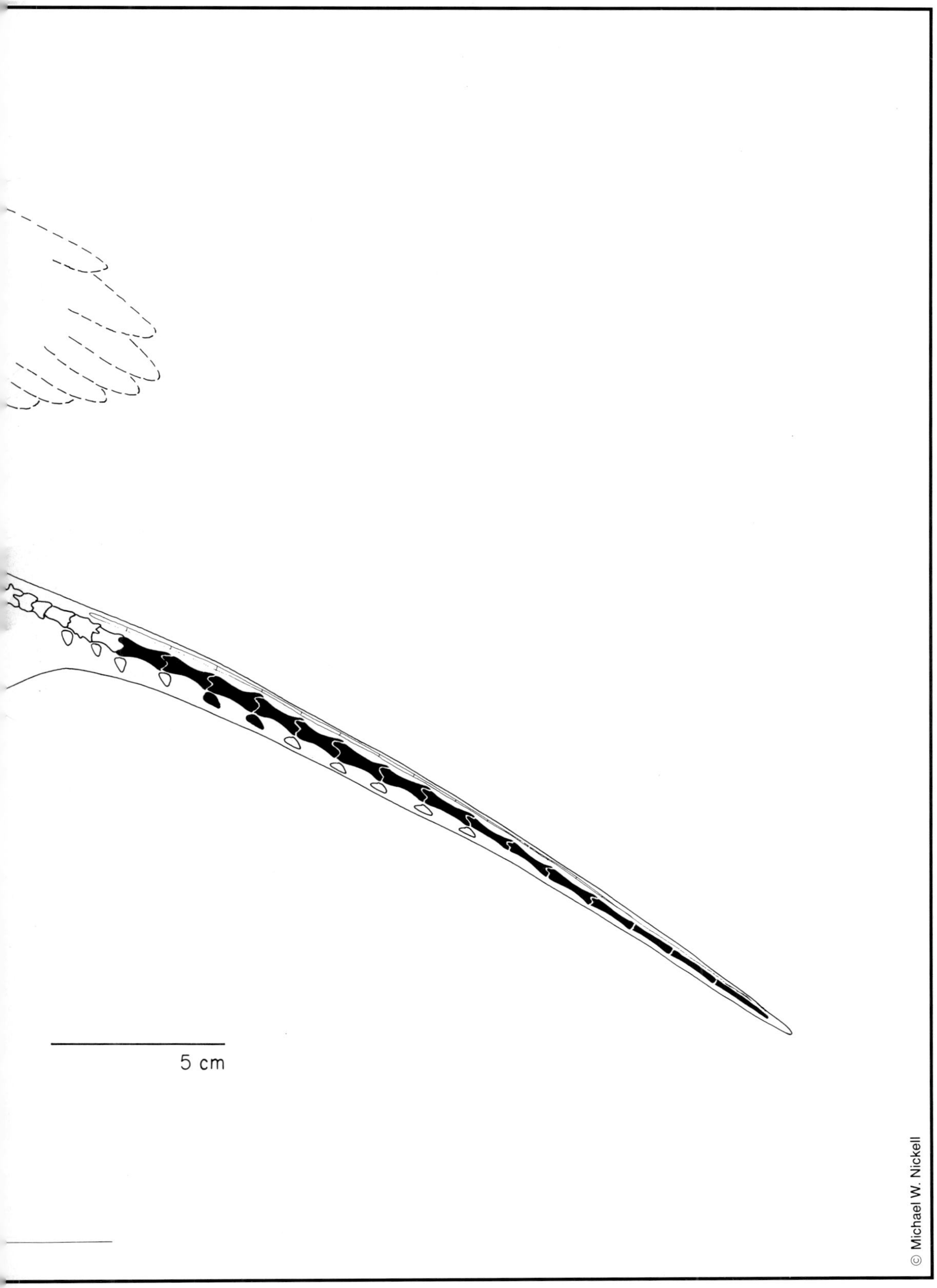

überzeugt davon, daß Protoavis mehr ist als ein weiterer noch unbekannter Dinosaurier oder daß man Archaeopteryx als toten Ast der Evolution ansehen kann. Aber, so erklärt Hotton, »es gibt keinen Zweifel, daß Protoavis ein Vogel war, und zwar ein bemerkenswert früher und gut entwickelter.«

Sollte es tatsächlich möglich sein, daß unsere Vögel die direkten Nachkommen der Dinosaurier sind? Sind unsere Vögel in gewissem Sinne lebende, atmende Dinosaurier? Wenn das so ist, dann sind sie die letzten Überlebenden der großen Reptilien, die die Kreidezeit in so großer Zahl bevölkerten. Vor 65 Millionen Jahren sorgte irgendein Phänomen für das Aussterben aller anderen Dinosaurier, der Entenschnabel-Dinosaurier, des Triceratops und des Tyrannosaurus. Doch die Vögel konnten überleben, obwohl ihre Ahnen ausstarben. Wie dies geschehen konnte, ist eine der Fragen, die das Aussterben der Dinosaurier zu einer der verwirrendsten – aber auch faszinierendsten – Fragen der heutigen Paläontologie machen.

Hohle Knochen, ein gut ausgebildetes Gabelbein und ein kräftiges Brustbein zeigen, daß der vor kurzem entdeckte *Protoavis* ein Urvogel ist. Seine Zähne und Klauen allerdings erinnern stark an die Dinosaurier. Diese beiden Aspekte kann man als Beweis dafür ansehen, daß sich die Vögel vor über 200 Millionen Jahren aus den Dinosauriern entwickelt haben.

KAPITEL 9

DAS ENDE EINER HERRSCHAFT

Ein einsames Reptil steht in einer durch eine Schlammflut verwüsteten Landschaft. Möglicherweise ist hier eine Ursache für das Ende der Dinosaurier zu finden.

Doug Henderson © 1984 Collection of Museum of the Rockies

Da wir leider die Zeitmaschine mit ihren mutigen Reisenden nicht besitzen, werden wir wahrscheinlich nie mit Sicherheit herausfinden können, was die Ursache für das Aussterben der Dinosaurier war. Das ist gar nicht so ungewöhnlich. Wie J. Keith Rigby Jr., Paläontologe an der Notre Dame Universität von Indiana erklärt: »Irgend jemand stirbt immer aus. Wer lebt, der stirbt irgendwann.«

Trotzdem ist der Tod der Dinosaurier, der vollständige Untergang dieser riesigen Lebewesen, die uns so stark vorkommen, für Rigby und andere Paläontologen ein faszinierendes Rätsel. Durch die Erforschung der Gesteinsschichten, die vieles über die Erdgeschichte enthüllen, konnten sie herausfinden, daß es in der Kreidezeit eine Vielzahl von Dinosaurierarten in großer Individuenzahl gab. Besonders verbreitet waren Entenschnabel-Dinosaurier und verschiedene gehörnte Arten, außerdem gab es noch zahlreiche andere Reptilien wie die fliegenden Pterosaurier und die schwimmenden Plesiosaurier.

»Und dann, auf der Grenze zwischen der Kreidezeit und dem Tertiär, vor 65 Millionen Jahren, geschah irgend etwas«, sagt Hotton vom Smithsonian Institute. »Auf einer Seite der Zeitgrenze finden wir die Fossilien vieler Dinosaurierarten, auf der anderen Seite fast keine.« Und nicht nur die Dinosaurier starben in dieser kurzen Periode aus. Auch die Pterosaurier, die Plesiosaurier und Hunderte anderer Tiere und Pflanzen wurden ausgerottet und hinterließen keinerlei Nachkommen. Andere Lebewesen wieder, wie z. B. Krokodile,

Vögel und erste Säugetiere, überlebten. Wie konnte das geschehen?

Wissenschaftler aller Bereiche lieben das Unerforschte. Als im Zuge der paläontologischen Forschung das plötzliche Aussterben der Dinosaurier bekannt wurde, stürzten sich die Experten auf dieses Thema und entwickelten verschiedene Theorien, um dieses verwirrende Ereignis zu erklären. Heute erscheinen uns manche dieser Theorien allzu einfach, unlogisch oder schlichtweg dumm, im Laufe der Zeit sind sie aber alle ernsthaft erwogen worden.

Eine sehr frühe Theorie geht beispielsweise davon aus, daß die Dinosaurier über die Jahrmillionen hinweg immer größer und größer wurden und schließlich nicht mehr in der Lage waren zu überleben. So gehörten z. B. Tyrannosaurus und Triceratops zu den größten Sauriern aller Zeiten. Vielleicht wuchs ihr Gehirn, das schon am Anfang sehr klein war, einfach nicht mehr mit, so daß ihnen später die intelligenzbedingten Möglichkeiten fehlten, um sich an die sich verändernden Gegebenheiten ihres Lebensraumes anzupassen.

Die Entwicklung immer größerer Dinosaurier in der Kreidezeit ist Grundlage einer anderen Theorie, derzufolge die Dinosaurier einfach zu groß und zu schwer wurden, um überleben zu können. Ihr Riesenwuchs, so vermuten einige Forscher, führte zu frühzeitigem Gelenkverschleiß und anderen schwerwiegenden Gebrechen. Die Folge davon könnte gewesen sein, daß die Dinosaurier nicht mehr in der Lage waren, ausreichend Nahrung zu jagen oder zu suchen.

Eine weitere Theorie sieht die Ursache für das Aussterben der Dinosaurier bei den Säugetieren. Kleine, etwa katzengroße Säuger, die sich überwiegend von Eiern ernährten, kamen in der späten Kreidezeit in großer Zahl vor. Manche Forscher nehmen an,

Doug Henderson © 1985 Collection of Museum of the Rockies

Doug Henderson © 1984

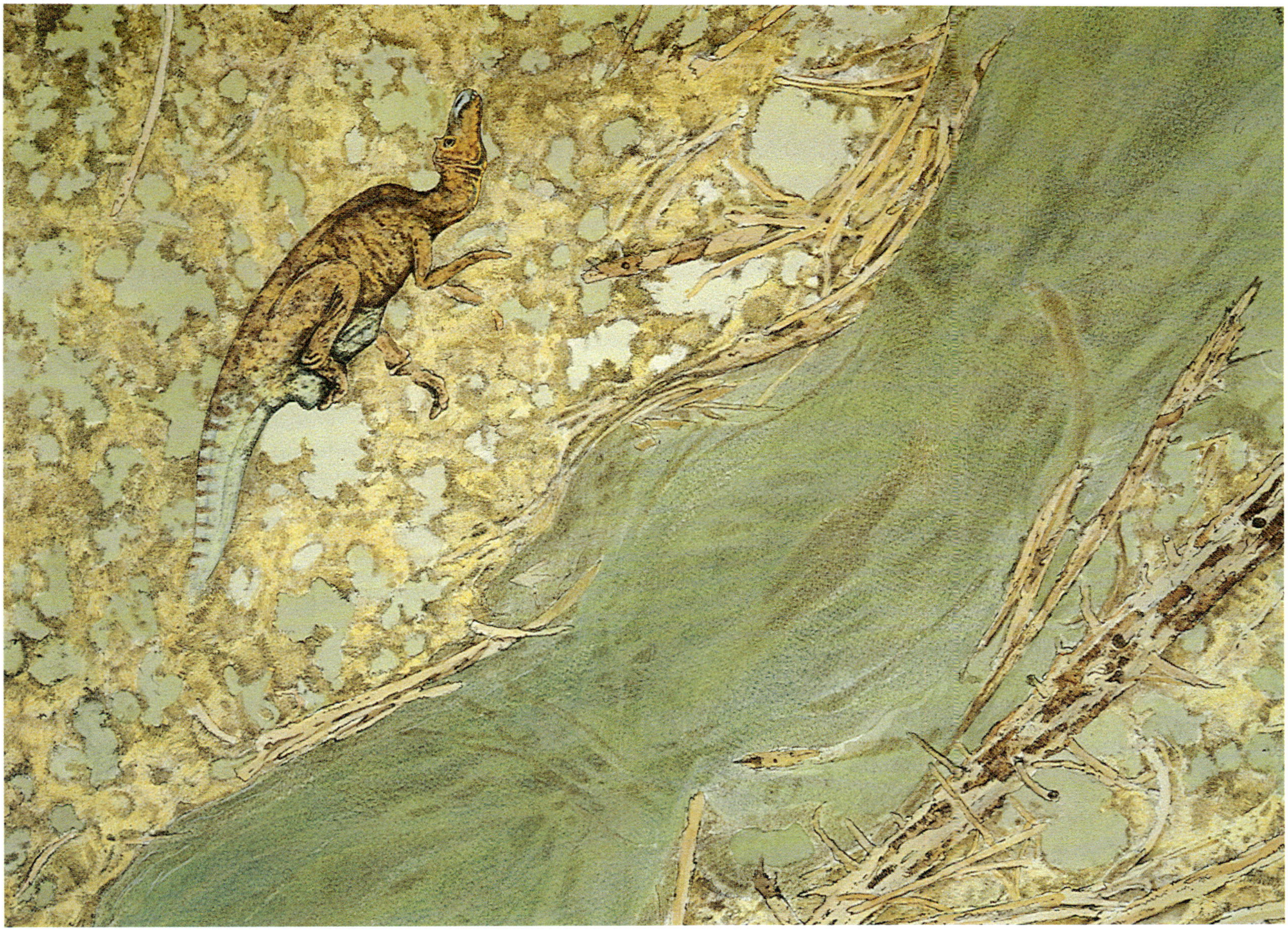

Eidechsen, wie diese hier beim Ausrauben eines Nestes des *Maiasaurus* (links), haben sicherlich einen Teil der Dinosauriereier gefressen. Die Wissenschaftler gehen aber heute davon aus, daß die Nesträuber nicht den Untergang der Dinosaurier verursacht haben.

Niemand weiß genau, was das Aussterben der Dinosaurier herbeigeführt hat. Klimaveränderungen, Vulkanausbrüche oder der Einschlag eines Asteroiden – alle diese Faktoren sind wahrscheinliche Ursachen.

daß diese Säuger allzu viele Dinosauriereier fraßen und die Dinosaurier deshalb keinen Nachwuchs mehr bekamen.

Diese drei Theorien, die heute noch gelegentlich in unseren Schulen gelehrt werden, haben sich jedoch inzwischen als fehlerhaft erwiesen.

Zunächst gibt es keinen Beweis dafür, daß die Dinosaurier »zu dumm« waren, um zu überleben. Tatsächlich ist es eher so: je mehr wir über die Dinosaurier erfahren, um so deutlicher sehen wir, daß sie ungemein vielfältig und anpassungsfähig waren. Schließlich waren sie nicht umsonst 160 Millionen Jahre lang die dominierenden Wesen auf der Erde.

Auch die Theorie vom »Gelenkverschleiß« konnte nicht untermauert werden. Viele der größten Arten überdauerten Millionen von Jahren. Und auch die Ausrottung durch Nesträuber scheint uns heute recht unwahrscheinlich. Es gab einfach rein zahlenmäßig zu viele Dinosaurier, darunter auch solche mit einem ausgeprägten Familienleben, die ihre Eier bewachten. Eine solche Vielzahl von Dinosauriern hätten die kleinen Säuger niemals ausrotten können. Außerdem klärt keine dieser Theo-

Hier flieht eine Gruppe von *Sauropoden* vor einem schweren Sturm. Solche Stürme, die Erdrutsche oder Überschwemmungen verursachten, könnten die Dinosaurier aus ihren angestammten Lebensräumen vertrieben und so zu ihrem Aussterben beigetragen haben.

rien die Frage, warum zur gleichen Zeit wie die Dinosaurier auch viele andere Tiere und Pflanzen ausstarben.

Nachdem man die Ursachen für ihr Aussterben also nicht bei den Dinosauriern selbst finden konnte, wandten sich die Paläontologen einer anderen Möglichkeit zu: tödlichen Veränderungen im Lebensraum der späten Kreidezeit. Die Forscher wissen heute, daß dies eine Zeit drastischer Veränderungen war.

Zum einen hatten die gewaltigen Kräfte der Kontinentalverschiebung die ursprünglichen Erdteile Laurasia und Gondwanaland nahezu in ihre heutige Form gezwungen. Diese geologischen Veränderungen können durchaus weitreichende Veränderungen der Atmosphäre und des Wetters zur Folge gehabt haben. Die Winter wurden in manchen Regionen sicherlich wesentlich härter, während Änderungen in der Regenhäufigkeit ehemalige Feuchtgebiete in Wüsten, trockene Hochebenen oder auch in Sümpfe verwandelt haben könnten.

Möglicherweise waren die Dinosaurier nicht in der Lage, sich an diese extremen Veränderungen ihres Lebensraumes anzupassen.

Eine andere Theorie über das Aussterben der Dinosaurier basiert ebenfalls auf Veränderungen der Umwelt. In der Kreidezeit entwickelten sich die ersten Blütenpflanzen (Angiospermen), die sich von der bisherigen primitiven Vegetation deutlich unterschieden. Viele dieser Pflanzen bildeten giftige Alkaloide mit bitterem Geschmack aus, was die Dinosaurier davon abgehalten haben könnte, sie zu fressen. Nun hatten sich die Dinosaurier zu einer Zeit gänzlich anderer Vegetation entwickelt und konnten den bitteren Geschmack dieser Alkaloide nicht wahrnehmen. Durch das ständige Fressen dieser unbekömmlichen Pflanzen haben sich die Entenschnabel-Dinosaurier und andere Pflanzenfresser langsam selbst vergiftet. Als nun diese Dinosaurier ausstarben, hatten auch die fleischfressenden Dinosaurier keine Nahrungsgrundlage mehr.

Obwohl man heute annimmt, daß diese Alkaloide beim Aussterben der Dinosaurier tatsächlich eine Rolle gespielt haben mögen, bezweifeln die Forscher, daß sie allein dafür verantwortlich gemacht werden können. Es konnte nie bewiesen werden, daß die Dinosaurier nicht über einen differenzierten Geschmackssinn verfügten. Aber selbst wenn man diesen Beweis fände, müßte man dennoch bedenken, daß sich die Angiospermen geraume Zeit vor dem Aussterben der Dinosaurier entwickelten. »60 Millionen Jahre lang kamen die Dinosaurier offensichtlich recht gut mit den blühenden Pflanzen zurecht, man kann also wohl kaum die Alkaloide allein für das Aussterben der Saurier verantwortlich machen«, erklärt Hotton. Und letztlich erklärt diese Theorie auch nicht, was mit den anderen Tieren und Pflanzen geschah, die die Kreidezeit nicht überlebten.

Eine neuere Theorie, die sich mit dem Massensterben der Dinosaurier, Plesiosaurier und anderer Lebewesen befaßt, fußt auf einer der interessantesten, berühmtesten und auch kontroversesten Entdeckungen in der Dinosaurierforschung. In den späten 70er Jahren beschäftigte sich Walter Alvarez, Geologe an der Universität

Das komplexe Familienleben des *Maiasaurus* mag die Tiere vor gefährlichen Beutejägern geschützt haben, nicht aber vor den weitreichenden Veränderungen ihrer Umgebung, wie sie in der späten Kreidezeit stattfanden.

von Berkeley, mit den Folgen der Kontinentalverschiebung. Er führte Untersuchungen an Gesteinsschichten in Italien durch. Alvarez interessierte sich wie viele seiner Kollegen besonders für die Grenze zwischen der Kreidezeit und dem Tertiär, die sich auf seiner Ausgrabungsstelle als feine Schicht roten Tons zwischen dem fossilreichen Gestein der Kreidezeit und den darüberliegenden Felsschichten befand.

Alvarez und sein Vater Luiz (der den Nobelpreis für Physik erhielt) ließen diese dünne Tonschicht analysieren. Sie entdeckten dabei, daß diese dünne Erdschicht eine dreißigmal höhere Konzentration des seltenen chemischen Elementes Iridium besaß als andere Erdschichten. Dies war deshalb so bemerkenswert, weil man bisher angenommen hatte, daß höhere Iridium-Konzentrationen nur im Erdkern vorkämen. Vater und Sohn Alvarez hielten es für unwahrscheinlich, daß solche vergleichsweise großen Mengen des Elementes Iridium nur durch Vulkanausbrüche an die Erdoberfläche gelangt seien.

Eine Möglichkeit erwogen sie jedoch, die tatsächlich eine plausible Erklärung für das hohe Iridium-Vorkommen liefern könnte. Sie überlegten, daß das Iridium infolge eines Zusammenstoßes zwischen der Erde und einem Asteroiden, die bekanntlich einen sehr hohen Iridium-Gehalt besitzen, auf die Erdoberfläche gelangt sein könnte. Den Annahmen von Luiz und Walter Alvarez zufolge könnte gegen Ende der Kreidezeit ein Asteroid auf der Erde eingeschlagen sein, der die Kraft mehrerer Tausend Atombomben besaß. Sein Aufprall schickte eine gewaltige Staubwolke zum Himmel. Infolge dieser Staubwolke, die sich in der Atmosphäre niederschlug, wurden die Sonnenstrahlen am Durchtritt durch die Atmosphäre gehindert. Dadurch wurde das Klima auf der Erde dunkler und kälter. Dieser unnatürliche Winter kann mehrere Monate oder sogar Jahre gedauert und eine riesige Kettenreaktion ausgelöst haben. Zuerst starben die Pflanzen, deren Photosynthese wegen des Lichtmangels nicht mehr funktionierte. In den Meeren verschwanden die Algen und die übrige Vegetation. Bald fanden die pflanzenfressenden Dinosaurier keine Nahrung mehr, ebenso die Meerestiere, die von Wasserpflanzen lebten. Ihr Sterben entzog den Fleischfressern, darunter die Pterosaurier, die Meeresreptilien und auch die noch lebenden Dinosaurier, die Nahrungsgrundlage, so daß schließlich auch diese zugrunde gingen.

Wenn man dieser Theorie glauben kann, senkten sich die Staubwolken langsam wieder auf die Erde ab und

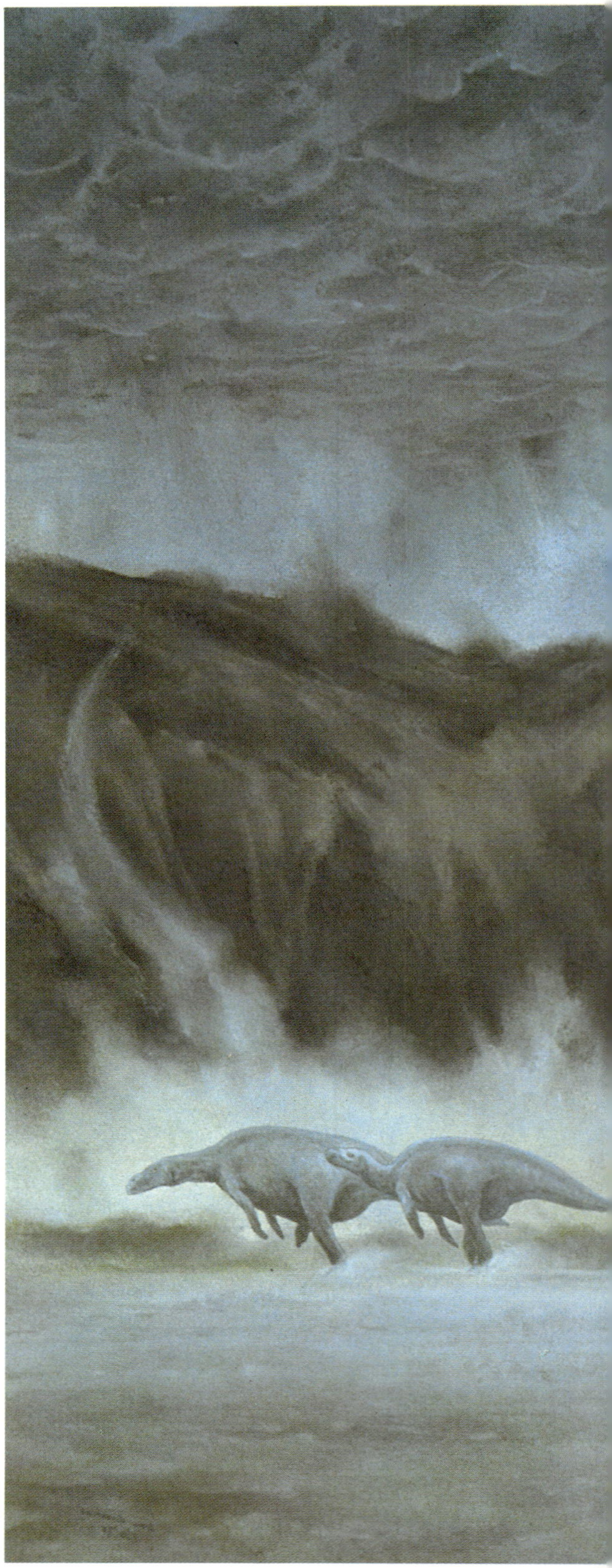

Riesige Staubwolken wie diese könnten die Großfamilien des *Maiasaurus* ausgerottet haben. Sie sorgten aber auch dafür, daß sie zu Fossilien wurden, die den heutigen Forschern wichtige Erkenntnisse über das soziale Leben der Saurier geben.

Doug Henderson © 1984 Collection of Museum of the Rockies

Wenn die Dinosaurier, wie manche Forscher meinen, durch eine mysteriöse Explosion ausgerottet wurden, könnte diese durch einen Asteroiden ausgelöst worden sein. Solche Gesteinsbrocken umkreisen z. B. auch den Jupiter (rechts).

bildeten die stark iridiumhaltige Schicht, die sich auf der Grenze zwischen den Gesteinen der Kreidezeit und des Tertiär findet. Das Klima normalisierte sich anschließend langsam wieder, und die wenigen Tiere, die überlebt hatten – darunter Krokodile und frühe Säugetiere – bevölkerten eine neue Erde ohne Dinosaurier.
Es ist nicht verwunderlich, daß Alvarez' Theorie für Aufregung unter den Paläontologen sorgte. »Die Alvarez haben uns alle aufgerüttelt«, erinnert sich Rigby. »Ihre Entdeckung sorgte dafür, daß wir alle nach neuen Beweisen suchten.« Und tatsächlich untermauerten weitere Funde die Theorie, daß eine Umweltkatastrophe, welcher Art auch immer, zu diesem Zeitpunkt geschehen sein muß. Andere Wissenschaftler untersuchten die Grenze zwischen der Kreidezeit und dem Tertiär in Nordamerika, Neuseeland und Europa, und alle fanden verblüffend hohe Konzentrationen an Iridium, Gold und Platin. Eben solche chemischen Elemente, wie man sie auch in Asteroiden findet. Es scheint daher recht wahrscheinlich, daß sich die gewaltigen Staubwolken überall auf der Erde abgesetzt haben.

Spuren von verschmolzenem Quarz, wie er sich nur unter dem Druck außergewöhnlich starker Explosionen bildet, wurden in Nordamerika und Europa gefunden. Diese Entdeckung untermauert den Gedanken, daß die Kreidezeit ihr Ende in einer gewaltigen Explosion fand.

Im Jahre 1983 entstand eine neue Theorie, die auf den Erkenntnissen von Alvarez aufbaute und diese noch erweiterte. J. John Sepkoski Jr. und David Raup, beide von der Universität Chicago, stimmten damit überein, daß die Ausrottung der Dinosaurier die Folge des Aufschlags eines riesigen Objektes auf die Erdoberfläche war. Wie ihre Forschungen auf dem Gebiet der Meerestiere dieser Zeit aber ergeben hatten, war die Klimakatastrophe der späten Kreidezeit nicht die einzige, die die Erde erschüttert hatte. Tatsächlich hatte es in den vorherigen 250 Millionen Jahren verschiedene solche Ereignisse gegeben. Die beiden Forscher hatten beobachtet, daß diese Klimakatastrophen sogar einem zyklischen Schema folgten. Etwa alle 26 Millionen Jahre hatte irgendein Ereignis die auf der Erde am meisten verbreiteten Tiere vernichtet. Wenn man diese Hypothese seit dem Aussterben der Dinosaurier weiterverfolgt, dann sieht man, daß vor 95 Millionen Jahren zahlreiche Seeigelarten plötzlich verschwanden. Vor 38 Millionen Jahren waren einzellige Protozoen die Opfer eines solchen Massensterbens.

Die These vom zyklischen Auftreten solcher Ereignisse wühlte die Wissenschaftler auf. Paläontologen, Astrologen und Physiker überall auf der Welt begannen nach neuen Informationen zu forschen. Viele von ihnen stimmten mit Alvarez überein, daß solche massiven Veränderungen nicht auf der Erde selbst entstanden sein konnten, etwa durch Vulkanausbrüche oder Klimaänderungen infolge der Kontinentalverschiebung. Es wurde aber als unwahrscheinlich abgelehnt, daß Asteroiden, von denen viele zwischen den Planeten Mars und Jupiter die Sonne umkreisen, in so auffallend regelmäßigen Abständen auf die Erde fallen könnten. Aus diesem Grunde wandten sich die Forscher einem anderen Thema zu: den Kometen.

Anders als Asteroiden bestehen Kometen zum größten Teil aus Eis. Sie sind eine Art »schmutzige Schneebälle«, die durch den Weltraum fliegen. Trotzdem enthalten sie große Mengen verschiedener Metalle, darunter auch Iridium. Im Laufe ihrer Untersuchungen sind die Forscher auf eine Art Meer von Kometen gestoßen, das das Sonnensystem umgibt. Diese Kometenansammlung wurde zuerst von dem niederländischen Astronomen Jan Hendrik Oort beschrieben. Von Zeit zu Zeit löst sich durch die Schwerkraft einer Gruppe von Kometen aus dieser Wolke (möglicherweise durch die Anziehungskraft eines vorbeiziehenden Sternes). Manche dieser Kometen fliegen nur eine schleifenförmige Runde um die Sonne, um dann im Weltall zu verschwinden. Andere jedoch treten in eine Umlaufbahn ein und kehren immer wieder, wie z. B. der berühmte Halleysche Komet. Natürlich kann sich die Umlaufbahn eines Kometen um die Sonne mit der der Erde überschneiden, in diesem Fall kann es zu zerstörerischen Kollisionen kommen.

Noch sind sich die Wissenschaftler nicht klar darüber, warum ein Schwarm von Kometen seinen bisherigen Platz in so regelmäßigen Abständen verlassen könnte, etwa alle 26 Millionen Jahre. Richard Muller, Professor für Astronomie und Physik an der Universität von Berkeley, fand als erster eine Lösung für dieses Rätsel. Er stellte die These auf, daß die Sonne (wie viele andere Sterne auch) einen Sternenbelgeiter besitzt, der sie umkreist. Wenn nun die Umlaufbahn dieses Sternenbegleiters alle 26 Millionen Jahre einmal durch das Kometenmeer läuft, kann sie dort einen Sturm auslösen, in dessen Folge sich Kometen lösen und eventuell auch auf die Erde fallen können.

Muller und seine Mitarbeiter nannten diesen unsichtbaren Stern Nemesis, nach der griechischen Göttin, die die Sünde der Eitelkeit bestrafte. Andere bezeichneten ihn als »Stern des Todes«. Wenn nun dieser Stern tatsächlich für diese Ereignisse verantwortlich sein soll, dann müßte er auf einer sehr unregelmäßigen Umlaufbahn um die Erde kreisen und nur sehr selten mit dem Kometenmeer in Berührung kommen. Muller und seine Kollegen benutzen heute extrem starke Teleskope, um den Himmel nach Nemesis abzusuchen. Sie vermuten, daß er ein »brauner Zwerg« ist, ein recht kleiner, unscheinbarer, kalter Stern, der nur wenig Energie abgibt.

Wenn diese Vermutung richtig ist, dann nimmt es nicht wunder, daß ihn bisher niemand unter den Millionen von Sternen unserer Galaxie entdeckt hat.

Andere Wissenschaftler suchen nach einer weiteren Lösung, die sie in einem noch unbekannten Planeten am äußersten Rand unseres Sonnensystems sehen. Astronomen, die nach einer Erklärung für sonderbare Abweichungen der Planeten Uranus und Neptun von ihren Umlaufbahnen suchen, vermuten schon lange, daß es einen »Planeten X« gibt, dessen Umlaufbahn diese Abweichungen verursacht. Im allgemeinen, so erklären die Anhänger dieser Theorie, umrundet dieser Planet X die Sonne ohne größere Ereignisse. Alle 26 Millionen Jahre aber nähert er sich dem Kometenmeer am Rande unseres Sonnensystems, löst dort einige Kometen und schickt sie in Richtung Erde.

Während die Physiker und Astronomen noch über die Existenz eines Sternes Nemesis oder eines Planeten X debattieren, erklären Hotton und andere Paläontologen, daß die Fossilfunde eine solche zyklische Massenausrottung keineswegs belegen. »Im Laufe der Evolution hat es immer wieder Prozesse des Aussterbens gegeben. Dies aber an einem regelmäßigen, vorhersehbaren Ereignis festmachen zu wollen, ist bloße Phantasie«, sagt er. »Mein Forschungsbereich, die säugetierähnlichen Reptilien, beinhalten z. B. einen dieser Prozesse. Aber es ist ganz klar, daß diese Reptilien allmählich ausstarben, gewiß nicht wegen eines Todessternes, der die Erde umkreist.«

Obwohl er die Theorie von perio-

Manche Wissenschaftler vermuten, daß vor 65 Millionen Jahren ein Komet, wie hier der Halleysche Komet, die Erde traf. In dieser Kollision sehen sie die Ursache für das Aussterben der Dinosaurier.

NASA

disch auftretenden Klimakatastrophen ablehnt, nimmt Hotton an, daß das Aussterben der Dinosaurier tatsächlich durch den Aufprall eines Kometen oder Asteroiden auf die Erde ausgelöst wurde. »Obwohl viele Forscher davon ausgehen, daß die Dinosaurier am Ende der Kreidezeit schon im Aussterben begriffen waren, bin ich überzeugt davon, daß eine solche Kollision die Hauptursache für ihr Ende war«, sagt er. »Warum? Wegen der Säugetiere.«

Es ist bekannt, daß zur Zeit der Dinosaurier schon Säugetiere lebten, sie waren aber noch recht primitiv. Erst nach dem Aussterben der Dinosaurier vermehrten sich die Säugetiere stärker, und es entwickelten sich viele verschiedene Arten. »Wenn das Aussterben einer Art langsam vor sich geht, füllen neue Arten sofort die dadurch entstehenden ökologischen Nischen«, erklärt Hotton. »Aber während der ersten zehn Millionen Jahre nach dem Ende der Kreidezeit blieben die Säugetiere noch verhältnismäßig klein, viele ökologische Nischen blieben leer. Dann plötzlich entwickelten sich vielfältige Arten, die Säugetiere wurden größer und bevölkerten schließlich die Erde im gleichen Maße, wie es die Dinosaurier früher getan hatten.«

Hotton erläutert weiter, daß die lange Zeit zwischen dem Aussterben der Dinosaurier und der Weiterentwicklung der Säugetiere darauf hinweist, daß die Dinosaurier eben nicht allmählich ausgestorben sind. Wäre es so gewesen, dann hätten sich die Säugetiere parallel dazu entwickelt und wären zu dem Zeitpunkt, als es keine Saurier mehr gab, schon in der Lage gewesen, ihren Platz auf der Erde einzunehmen.

Rigby widerspricht Hottons Theorie. Er nimmt an, daß sich die Säugetiere nach dem Aussterben der Dinosaurier sehr schnell entwickelten. Rigby geht zwar auch davon aus, daß eine Art

Was könnte einen Kometenhagel ausgelöst haben? Die Paläontologen sind skeptisch, manche Astronomen dagegen vermuten die Existenz eines Planeten X, der noch jenseits des Pluto die Sonne umkreist.

von Explosion auf der Erde stattfand, bestreitet aber vehement, daß sie mit dem Leben und Aussterben der Dinosaurier irgend etwas zu tun hatte. Um seine Ansicht zu belegen, führt er Beweise an. In den vergangenen Jahren haben er und seine Mitarbeiter (von denen viele seine ehemaligen Studenten an der Universität von Notre Dame sind), ein fossilienreiches, urzeitliches Flußbett in Hell Creek, Montana untersucht. Bei den Ausgrabungen in diesem isolierten Gebiet fanden sie faszinierende Informationen über die letzten Jahre der Dinosaurier. »Soweit wir bisher wissen, erlebten die Dinosaurier ihre Blüte vor etwa 100 Millionen Jahren, also 35 Millionen Jahre vor dem Ende der Kreidezeit«, erklärt Rigby. »Dann kühlte sich die Erde langsam ab, und die Dinosaurier reduzierten sich, zahlenmäßig ebenso wie artenmäßig.«

Rigby belegt diese Verringerung der Dinosaurier anhand einer verblüffenden Untersuchungsmethode: der Anzahl von Dinosaurierzähnen pro Tonne Gestein. »Weit vor dem Ende der Kreidezeit finden wir etwa 200 Zähne pro Tonne. Diese Anzahl verringert sich deutlich, je näher wir dem Ende der Kreidezeit kommen. In dem Gestein der letzten Phase der Kreidezeit finden wir nur noch etwa 30 bis 35 Zähne pro Tonne«, berichtet er. Diese Untersuchung weist darauf hin, daß die Dinosaurier bereits im Aussterben begriffen waren, als ein Asteroid- oder Kometeneinschlag stattfand. In Gesteinsschichten, die nach der Kreidezeit entstanden, in einer Zeit also, als man die Dinosaurier bereits für ausgestorben hielt, fand Rigby noch 18 Zähne pro Tonne. »Es kann keinen Zweifel daran geben, daß auch nach diesem Einschlag noch Dinosaurier gelebt haben, und zwar bis ins Paläozän (Alttertiär) hinein«, stellt Rigby fest. »Selbst eine Million Jahre nach dem Ende der Kreidezeit gab es noch einige Dinosaurier auf der Erde.«

Rigbys Funden zufolge kann ein unnatürlicher Winter, der durch einen Kometen oder Asteroiden hervorgerufen wurde, nicht zu einer solchen Verwüstung geführt haben, daß die Dinosaurier dadurch ausgerottet wurden. »So ein Ereignis kann bestenfalls eine für die Dinosaurier ohnehin schon schwierige Situation noch verschlimmert haben, etwa durch weiter sinkende Temperaturen und andere Veränderungen der Umgebung«, erklärt Rigby. »Wahrscheinlich traf ein solches Ereignis eher zufällig mit dem Aussterben der Dinosaurier zusammen, als daß es seine Ursache war.«

Man gewinnt den Eindruck, daß jede neue, wichtige Entdeckung zu heftigen wissenschaftlichen Debatten führt. Jede neue Antwort provoziert Zweifel und wirft weitere Fragen auf. Manche Wissenschaftler, darunter auch Bakker, bezweifeln, daß es überhaupt eine Kollision mit einem Himmelskörper gab. »Ich bin ganz sicher, daß die Iridiumschicht und das hohe Vorkommen von geschmolzenem Quarz durch außerordentlich heftige vulkanische Tätigkeit in der späten Kreidezeit und im frühen Tertiär hervorgerufen wurden«, sagt er und erinnert daran, daß Iridium im Erdinneren zu finden ist und durch Vulkanausbrüche auf die Erdoberfläche geschleudert wird. Die Kristallstrukturen können ebensogut auch durch hohen Druck irdischen Ursprungs entstanden sein. Einige andere neue Theorien bemühen sich zu erklären, warum das große Aussterben weniger plötzlich und von Katastrophen begleitet vor sich ging, als man bisher annahm. Starke vulkanische Tätigkeit, in deren Folge saure Regenfälle die Erde heimsuchten, werden als mögliche Ursache gesehen. Es ist auch nicht auszuschließen, daß die Erde eine Million Jahre lang (oder

Für die Dinosaurier war die Erde ein warmer Ort, der ihnen vielfältige Nahrung bot. Am Ende der Kreidezeit mußten sie jedoch möglicherweise große Strecken über trockenes Land zurücklegen, um Nahrung zu suchen.

sogar noch länger) von einem dauerhaften Regen kleiner Kometen bombardiert wurde. Bakker selbst glaubt, daß die klimatischen Veränderungen und die damit verbundene stärkere Abgrenzung der Jahreszeiten gegeneinander die weiten Wanderungen der Dinosaurier nur beschleunigt haben. Diese Dinosaurier könnten auch die Erreger tödlicher Krankheiten in sich getragen haben, gegen die sie selbst immun waren. In den Gegenden, in die sie während ihrer Nahrungssuche zogen, besaßen die dort heimischen Dinosaurier hingegen keine Abwehrkräfte gegen diese Seuchen und fielen ihnen somit zum Opfer. (Ähnliches ereignete sich z. B., als europäische Siedler die Pocken in die Neue Welt mitbrachten und die Krankheit viele der dafür anfälligen Indianer Nordamerikas befiel.)

Weitere Studien werden sicherlich dem Gestein neue faszinierende Geheimnisse entlocken, die die heute bekannten Theorien ersetzen werden. Ob man nun jemals eine endgültige Antwort auf das Rätsel der Dinosaurier findet oder nicht, die Überlegungen der zahllosen Forscher haben ihren Wert gehabt. »Es gibt nur selten solche phantasievollen und einfallsreichen Forscher wie die Alvarez«, überlegt Rigby. »Ob wir nun mit ihnen übereinstimmen oder nicht: wir verdanken ihnen vieles. Schließlich haben sie dafür gesorgt, daß die letzten Jahre zu den interessantesten in der Geschichte der Paläontologie überhaupt gehörten.«

Starke vulkanische Tätigkeit könnte riesige Aschewolken zum Himmel geschleudert haben, die die Vegetation erstickten und den Dinosauriern die Nahrungsgrundlage entzogen. So waren sie zum Untergehen verdammt.

Roy Chapman Adrews (sitzend, 2. von links) mit den Mitgliedern seiner Expedition in die Wüste Gobi im Jahre 1922.

Black & White original courtesy American Museum of Natural History. Hand colored by R. W. Kosturko

KAPITEL 10

DINOSAURIER-FORSCHER FRÜHER UND HEUTE

In einer Zeit, in der regelmäßig von spektakulären Fossilfunden die Rede ist, können wir uns kaum vorstellen, daß vor weniger als 150 Jahren noch niemand eine Ahnung von der Existenz der Dinosaurier hatte. Sicherlich waren die Menschen auch früher schon über Dinosaurierknochen und Fußspuren gestolpert, hatten aber keine Ahnung, was sie da vor sich sahen.

So fand z. B. im Jahre 1677 ein Mann namens Robert Plot einen Knochen, den man später als Dinosaurierknochen identifizierte. Plot dachte seinerzeit, der Knochen stamme von einem Riesen. Vielleicht hatte er auch eine zutreffendere Vermutung, beugte sich aber den Doktrinen der Kirche, denen zufolge die Erde erst einige Tausend Jahre alt war. Diese Lehre schloß natürlich die Existenz vorzeitlicher Tiere aus. Glücklicherweise fertigte Plot eine Zeichnung von seinem Fund an, und viele Jahre später wurde diese von Wissenschaftlern als Oberschenkelknochen eines *Megalosaurus* identifiziert.

Die nächste wichtige Entdeckung fand im Jahre 1822 statt. Der Überlieferung nach ging die britische Hausfrau Mary Ann Mantell eine Straße in Sussex entlang und sah plötzlich einen riesigen Zahn aus dem Geröll am Wegrand hervorragen. Sie besah sich ihren Fund genauer und entdeckte mehrere Zähne, die in Gestein eingebettet waren. Sie und ihr Mann Gideon Mantell, ein gut informierter Fossiliensammler, wußten sofort, daß sie etwas Bedeutendes gefunden hatten. Dies war der erste offizielle Dinosaurierfund in der Geschichte der Paläontologie.

Die erst kürzlich entdeckten Papiere Dr. Mantells widersprechen dieser überlieferten Geschichte. Seinen Aufzeichnungen zufolge hat er selbst die fossilen Zähne gefunden. Wie dem auch sei, seine Schlußfolgerungen waren seiner Zeit weit voraus. Er nahm als gesichert an, daß diese Zähne zu einem riesigen pflanzenfressenden Reptil gehörten, das in der Kreidezeit gelebt hatte. Allerdings glaubte man damals, daß es in dieser Zeit noch keine Reptilien gab. Mantell nannte das von ihm entdeckte Tier Iguanodon nach dem in Amerika lebenden Leguan (Iguana), dessen Zähne ähnlich sind, wenn auch wesentlich kleiner. Mantell veröffentlichte sogar eine Beschreibung des Iguanodons, wie er es sich vorstellte. Allerdings entsprach seine Beschreibung eines schweren, plumpen Tieres mit einem kleinen Horn auf der Nase nicht gerade den (später erst gefundenen) Tatsachen. Wie man später herausfand, war das Horn ein »Daumen« des Iguanodon.

American Museum of Natural History

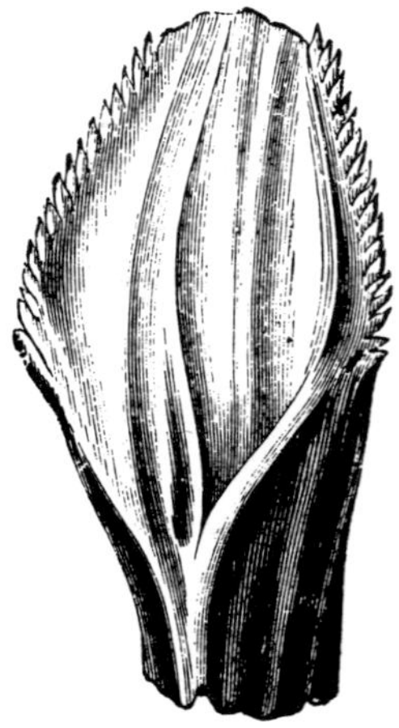

Ann Ronan Picture Library ref. 5688

Der britische Fossiliensammler Gideon Mantell und seine Frau Mary Ann fanden als erste ein Fossil, welches sie als Überrest eines riesigen, ausgestorbenen Reptils identifizierten. Sie fanden das Gebiß eines Iguanodon (rechts außen), einem Pflanzenfresser aus der Kreidezeit.

Etwa zur gleichen Zeit machte auch der Brite William Buckland bedeutende Entdeckungen. Im Jahre 1824 beschrieb er Fossilien, die er sechs Jahre früher in einem Steinbruch in der Nähe von Oxford gefunden hatte. Außer Rückenwirbeln und anderen Knochen hatte er lange, scharfe Zähne entdeckt, die offensichtlich zu einem fleischfressenden Tier gehörten und sich deutlich von denen des Iguanodon unterschieden. Buckland nannte seinen Fund *Megalosaurus* (Riesenechse).

Die Entdeckungen von Buckland und Mantell versetzten die britische Wissenschaft in Aufruhr und lösten eine große Schatzsuche im ganzen Land aus. Im Laufe dieser Schatzsuche machte Mantell bald eine weitere Entdeckung. Im Jahre 1833 berichtete er über ein drittes Riesenreptil, das er *Hylaeosaurus* nannte.

Und doch entstand erst im Jahre 1841 die Hypothese, daß diese Knochenfragmente zu einem größeren Bild aus der Erdgeschichte gehören könnten. Auf einer Versammlung der British Association for the Advancement of Science (Verband zur För-

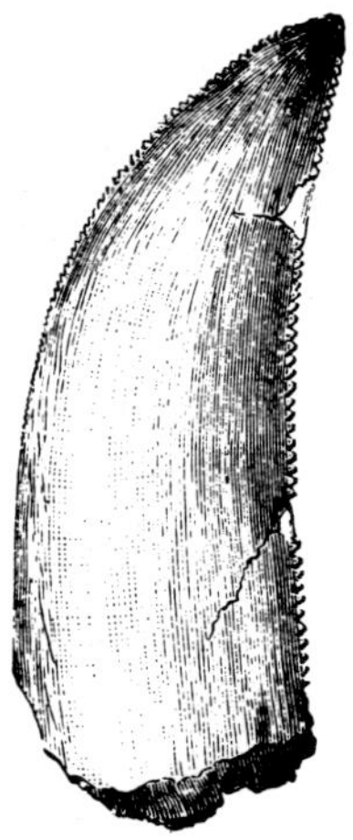

William Buckland (links), ein britischer Geologe, war einer der wesentlichen Teilnehmer an der Dinosauriersuche, die zwischen 1820 und 1830 ganz England gepackt hatte. Bucklands erster Fund war ein großer, spitzer Zahn eines *Megalosaurus*, einem frühen *Carnosaurier* (ganz links). Eine alte Illustration (oben) zeigt einen *Megalosaurus* und ein *Iguanodon* in tödlichem Kampf.

derung der Wissenschaften – Anm. d. Übers.) erwähnte der Paläontologe Richard Owen erstmalig die mögliche Existenz einer Gruppe ausgestorbener riesiger Reptilien, deren Anzahl und Größe alles bisher bekannte weit übersteige. Er nannte diese Tiere »Dinosauria« (»schreckliche Echsen«). Es überrascht niemanden, daß Owens erste Beschreibungen der Dinosaurier als plumpe Kolosse, die auf allen vieren dahertrampelten, weit von der Realität entfernt waren. Seine frühen Rekonstruktionen von Dinosauriern kann man noch heute im Crystal Palace Park in London besichtigen, wo auch riesige Plastiken des Iguanodon und anderer Saurier stehen. Trotz ihrer Ungenauigkeit führten Owens Theorien doch dazu, daß sich die Wissenschaftler der Welt mit großem Ernst auf dieses neue Forschungsgebiet stürzten.

In den Vereinigten Staaten fertigte der Anatom Joseph Leidy die genaueste Rekonstruktion eines Dinosaurierskelettes an. Anhand von Knochen, die er in New Jersey gefunden hatte, erklärte er, daß jener Pflanzenfresser offensichtlich auf seinen langen Hinterbeinen stehen konnte. Diese These stand in krassem Widerspruch zu den Theorien Owens und anderer Experten. Leidy nannte seinen Fund *Hadrosaurus.* Wie sich später herausstellte, war dies ein in Nordamerika recht häufiger Entenschnabel-Dinosaurier.

Die berühmtesten frühen Dinosaurierforscher Amerikas waren Edward Drinker Cope und Othniel Charles March. Ihre bemerkenswerten Funde Ende des 19. Jahrhunderts verblüfften und amüsierten die Öffentlichkeit. Cope und Marsh konnten einander nicht leiden, ihre Konkurrenz wird manchmal als »der Knochenkrieg« bezeichnet. Sie suchten in aller Heimlichkeit Fossilien in Steinbrüchen und urzeitlichen Flußbetten und schmuggelten ihre Funde zur Unter-

Ann Ronan Picture Library Ref. P2/1/872/117

American Museum of Natural History

Ann Ronan Picture Library Ref. 27a

Der Amerikaner Joseph Leidy (oben) konzentrierte sich mehr auf die Details als viele seiner Zeitgenossen. Er fertigte die erste Rekonstruktion eines *Hadrosaurus*, eines recht verbreiteten Entenschnabel-Dinosauriers, an.

Unter den vielen Fossiliensuchern war der britische Paläontologe Richard Owen (ganz links) der erste, der die Dinosaurier als eigene Gruppe großer ausgestorbener Reptilien aufstellte. Natürlich entsprachen seine ersten Rekonstruktionen (links), die im Londoner Crystal Palace Park ausgestellt sind, nicht den heutigen Erkenntnissen.

American Museum of Natural History

Edward Drinker Cope (links) und sein Erzrivale Othniel Charles March (rechts) durchforschten das westliche Nordamerika nach Fossilien. Ihr »Knochenkrieg« amüsierte die Öffentlichkeit jahrelang, sie entdeckten aber auch viele neue Arten wie *Brontosaurus* und *Allosaurus*.

suchung in ihre Labors. Niemals tauschten sie Informationen aus, was dazu führte, daß sie manche Dinosaurier zur gleichen Zeit entdeckten, ihnen aber unterschiedliche Namen gaben.

Als die beiden Forscher ihre Suche begannen, hatte es in Nordamerika noch nicht einmal ein Dutzend Dinosaurierfunde gegeben, und die meisten Fundstellen lagen an der Ostküste. Als sie ihre Arbeit abschlossen, hatten die beiden Forscher mehr als hundert weitere Arten gefunden. Ihren Erfolg verdanken sie unter anderem der Entdeckung fossilienreichen Gesteins in Amerikas Westen. An vielen ihrer Ausgrabungsstellen in Colorado, Montana und Wyoming werden heute noch Fossilien gefunden. Unter ihren Entdeckungen

Marsh und Cope entdeckten die reichen Fundstellen in Montana und Wyoming, wo Paläontologen noch heute erfolgreiche Ausgrabungen unternehmen.

American Museum of Natural History

waren Brontosaurus und andere große Sauropoden, Allosaurus aus dem Jura und Stegosaurus mit seinen Knochenplatten auf dem Rücken.

Es gab sicherlich keine anderen Dinosaurierforscher, die so schillernd und spektakulär waren wie Cope und Marsh. Der amerikanische Eisenbahn-Baron Andrew Carnegie und das American Museum of Natural History rüsteten am Anfang des 20. Jahrhunderts einige Forschungsunternehmungen aus. Diese Expeditionen entdeckten reiche Fundstellen in mehreren Staaten Amerikas, darunter auch den mit Fossilien angefüllten Felsen in Utah, der heute als Dinosaur National Monument erhalten ist.

Im Jahre 1910 rüsteten das Amerikanische Museum und die kanadische Regierung eine Forschergruppe aus,

American Museum of Natural History

American Museum of Natural History

Roy Andrew Chapman (links) gehörte in den 20er Jahren zu den ehrgeizigsten Fossiliensammlern. Zu seinen interessantesten Funden gehört das Nest eines *Protoceratops*, in dem sich noch unversehrte Eier befanden.

die am Red Deer River in Alberta (Kanada) die Überreste zahlreicher Dinosaurier aus der späten Kreidezeit, darunter auch des Triceratops und des entenschnäbligen Anatosaurus bergen konnten.

Obwohl sich die Dinosaurierforschung im frühen 20. Jahrhundert vorwiegend auf Nordamerika und Europa konzentrierte, waren die Wissenschaftler sicher, daß auch in anderen Teilen der Erde aufschlußreiche Fossilien zu finden waren. Schließlich waren die Kontinente zu Lebzeiten der Dinosaurier eine zusammenhängende Fläche gewesen. Und doch war es in einer Zeit, als Flugzeuge noch unbekannt waren, schwierig, in solche Gebiete mit vermeintlich ergiebigen Fossilienlagern zu gelangen. Abenteuerlustige Forscher wagten sich in die »dunkelsten« Bereiche Afrikas, Asiens und Südamerikas vor und brachten von dort aufschlußreiche Funde mit, die unser Wissen über die Zeit der Dinosaurier bereicherten.

So reiste z. B. 1922 ein Forschungsteam unter der Leitung von Roy Chapman Andrews (und mit finanzieller Unterstützung des American Museum of Natural History) in die Wüste Gobi in der Mongolei. Dort machten sie einige der wichtigsten Entdeckungen aller Zeiten, unter anderem fanden sie den Oviraptor und andere zweibeinige Fleischfresser, ebenso den Protoceratops, einen frühen gehörnten Dinosaurier. Andrew fand dessen Eier, die nach Millionen von Jahren noch in den Nestern lagen. In der jüngeren Vergangenheit haben Forscher viele interessante Überreste der Dinosaurier in Afrika und Zentralasien gefunden, doch kein Fund war so spektakulär wie der des Deinocheirus (»schreckliche Hand«), von dem man bis heute nicht mehr als seine über 2,6 Meter langen Vorderbeine mit erschreckenden Klauen daran entdeckt hat. Einige der reichsten Ausgrabungsstellen liegen in Tansania. Interessanterweise fand man dort viele Überreste von Dinosauriern, die Funden aus Nordamerika ähneln – ein weiterer Beweis dafür, daß diese beiden Kontinente einmal zusammenhingen.

Noch heute gibt es zahlreiche Gebiete auf der Erde, die die Forscher wegen des unwegsamen Geländes oder der schwierigen Wetterbedingungen noch nicht untersuchen konnten. Bis heute sind weite Teile Südamerikas für Ausgrabungen nicht zugänglich. Forschungen an der Westküste werden durch die schroffen Anden extrem erschwert, an der Ostküste ist das Land vom vielfach undurchdringlichen Amazonas-Dschungel bedeckt. So ist es nicht verwunderlich, daß in diesem Erdteil nur wenige bedeutsame Fossilien gefunden wurden. Lediglich in Argentinien mit seinem gemäßigten Klima haben sich früher Wissenschaftler ein Bild der dortigen Dinosaurier-Vorkommen machen können.

In der jüngsten Vergangenheit sind die Forscher zu den Fossillagern in Peru und Brasilien vorgedrungen und haben dort eine verblüffende Vielzahl von verschiedenen, bisher noch unbekannten Sauriern gefunden. Im Jahre 1986 fand ein argentinisches Wissenschaftlerteam sogar Fossilien im Eis der Antarktis.

Trotz der ausgefeilten modernen Technik hat sich, wenn man Hotton glauben darf, die Dinosaurier-Forschung nicht wesentlich verändert. »Die Welt hat im letzten Jahrhundert einiges zustande gebracht, aber wenn man Dinosaurier finden will, muß man sie immer noch ausgraben«, sagt er.

»Und, überlegen Sie mal, die Dinosaurier haben sich zum Sterben sicherlich nicht die Gegenden ausgesucht, die bequem zu erreichen sind.«

American Museum of Natural History

Unglücklicherweise liegen viele Fossilien in unzugänglichen Gebieten. Wenn sich Roy Chapman Andrew nicht in die Wüste Gobi vorgewagt hätte, dann hätte er niemals das berühmte Nest des Protoceratops oder die Reste anderer Dinosaurier gefunden.

Seine Beschreibung der Untersuchungsvorgänge klingt ziemlich unromantisch. »Man muß Tonnen von Stein durchwühlen, um das eine winzige Stück darin zu finden, das vielleicht bedeutungsvoll sein könnte«, erklärt er. »Die Arbeit im Feld ist furchtbar anstrengend – aber sie ist es wert.«

Was die Forscher auch unter so schweren Bedingungen immer wieder motiviert, ist die Hoffnung, in monatelanger Arbeit ein Indiz zu finden, das unsere Sicht der Dinosaurier verändern könnte. So entdeckte J. Keith Rigby Jr. z. B., daß die Dinosaurier noch im Paläozän (Alttertiär) lebten, zu einer Zeit also, als man sie bis dahin für längst ausgestorben hielt. John Horner fand den unwiderleglichen Beweis dafür, daß manche Dinosaurier ein ausgeprägtes Familienleben führten.

Manchmal allerdings entgehen den Forschern wichtige Entdeckungen (man kann sicher sein, daß das mehr als einmal geschehen ist), weil die zu durchsuchenden Mengen an Gestein und Fossilien einfach zu groß sind. Als Sankar Chatterjee im Jahre 1984 einen kleinen, feinknochigen Dinosaurier unter zahlreichen anderen Funden entdeckte, hielt er ihn zunächst für ein Jungtier. »Erst 1986 hatten wir Gelegenheit, ihn uns genauer anzusehen, und da fanden wir heraus, daß wir den Protoavis ausgegraben hatten, den über 250 Millionen Jahre alten Ahnen unserer heutigen Vögel«, erinnert er sich.

Wenn heute die Paläontologen mit ihren Fundstücken in die Laboratorien zurückkehren, haben sie alle Möglichkeiten der modernen Technik, um ihre Schätze zu untersuchen. Zwar kann man das ungefähre Alter eines Fundes schon anhand der Gesteinsschicht abschätzen, in der das Fossil lag, genauere Daten erhält man jedoch, wenn man z. B. bestimmte radioaktive Elemente mit sehr langen Halbwertszeiten mißt, die im Fossil nachgewiesen werden können. Mit Hilfe von computergesteuerten Lasergeräten kann man die Abnutzung der Zähne eines Tieres messen, Elektronenmikroskope vergrößern selbst die winzigsten Fundstücke auf das Zehntausendfache und mehr und ermöglichen so detaillierte Analysen. Manche Labors verfügen auch über Kernspin-Tomographen, eine Art Röntgengerät, das sonst in der Medizin benutzt wird. Mit diesem Hilfsmittel konnten Wissenschaftler z. B. durch die Schale der Maiasaurus-Eier hindurchsehen und fanden vollständig erhaltene Embryonen.

Wie fortgeschritten die technischen Methoden auch sein mögen, das Herzstück der Dinosaurier-Forschung bleibt die Suche nach neuen Fossilien. »Wenn man dies in Erwägung zieht, darf man nicht vor Hindernissen zurückschrecken, weil es keine gibt«, warnt Hotton. »Die Erdoberfläche ist riesengroß, und der meiste Teil enthält keine oder kaum Fossilien. Aber«, so fügt er hinzu, »es gibt immer die Möglichkeit, daß man die nächste bahnbrechende Entdeckung macht. Und es gibt natürlich den Reiz, daß man dann zu den Größten gehört.«

Sankar Chatterjees Entdeckung des Protoavis, möglicherweise eines »Urvogels«, gehört zu den wichtigsten aller Zeit. Solche Funde sind das Ergebnis jahrelanger harter Arbeit mit vielen Mißerfolgen. Die Hoffnung auf einen wirklich großen Fund aber läßt die Paläontologen weitersuchen.

Photo courtesy Texas Tech University News & Pubications Office

SCHLUSSBEMERKUNG

Wenn man glaubt, daß die Dinosaurier durch ein plötzliches, von außen eingetretenes Ereignis ausgerottet wurden und daß dieses Aussterben nur Monate oder höchstens wenige Jahre dauerte, dann müßte man sich die Erde in der Zeit nach den Dinosauriern wie nach einer Atomkatastrophe vorstellen. In diesem Fall hätten die Kadaver von Dinosauriern und vielen anderen Tieren überall auf dem Land und in den Gewässern gelegen.

Bäume und andere Pflanzen wären wegen des unnatürlichen Winters verdorrt. Kalter Wind hätte immer wieder Wolken iridiumhaltigen Staubs aufgewirbelt, die dann die ohnehin nur blaß scheinende Sonne verdunkelt hätten.

Ob es nun der Einschlag eines »Todessternes« war, der das Aussterben verursachte, oder ein langsamerer Prozeß: nicht alles Leben auf der Erde starb mit den Dinosauriern. Zwar waren die Ichthyosaurier aus den Meeren verschwunden, aber viele Fische hatten überlebt. Und auch die Eidechsen und Schlangen sowie Amphibien, Ahnen vieler heute bekannter Arten, lebten weiter. Und wenn es auch keine Coelurosaurier mehr gab, so hatten doch die Vögel die Katastrophe überstanden und bevölkerten nun den Himmel, durch den vorher die Pterosaurier gesegelt waren.

Die wahren Gewinner unter den Überlebenden waren jedoch die Säugetiere. Die meisten Forscher sind sich einig, daß die Säugetiere sich nicht über die im Mesozoikum vorkommenden etwa katzengroßen Arten hinaus entwickelt hätten, wenn die Dinosaurier nicht ausgestorben wären.

Nach einem über 100 Millionen Jahre dauernden Kampf gegen Jäger

und Konkurrenten, die größer, schneller und gefährlicher waren als sie selbst, fanden die kleinen Säugetiere nun eine Welt voller Gelegenheiten vor – und nahmen sie wahr. Es gab nun Grasgebiete, Sümpfe und Berge, auf denen die Dinosaurier nicht mehr herrschten.

Es gab neue Nahrungsquellen, die sich im Laufe der Zeit noch vergrößerten, und nur wenig Tiere, die mit den Säugern um die Nahrung konkurrierten. Es wundert niemanden, daß die anpassungsfähigen Säugetiere nach dem Aussterben der Dinosaurier die Welt bevölkerten.

Es dauerte lange, bis sich die Säugetiere zu den dominierenden Tieren entwickelt hatten, aber in der Evolution braucht alles seine Zeit. Über Millionen von Jahren wurden die Säugetiere kaum größer. Die ersten Vorläufer der Wale, Fledermäuse und Pferde fanden ihre ökologischen Nischen erst etwa 10 Millionen Jahre nach dem Aussterben der Dinosaurier. Und die ersten Vorfahren unserer heutigen Katzen und Hunde tauchten noch später auf: 25 Millionen Jahre nach dem Tod der Dinosaurier.

Und die Menschen? Unsere allerersten affenähnlichen Verwandten traten vor etwa 5 Millionen Jahren auf den Plan, gemeinsam mit den Schimpansen und Gorillas. Bis sich daraus der erste *Homo sapiens* entwickelte, dauerte es noch lange – er tauchte erst vor einer halben Million Jahren auf.

Und *Homo sapiens sapiens*, der Mensch wie wir ihn heute kennen, ist noch nicht einmal 50 000 Jahre alt. Eines sollten wir uns vor Augen halten: Die Dinosaurier, diese »dummen« Reptilien, die sich an die Veränderungen ihrer Umwelt nicht anpassen konnten, existierten 160 Millionen Jahre lang.

Dieses eigentlich uns beschämende Wissen verdanken wir den Paläontologen, die das über 150 Millionen Jahre zurückliegende Leben der Dinosaurier aus den uralten Gräbern dieser riesigen Tiere rekonstruiert haben.

Hotton, Bakker und viele andere haben diese bemerkenswerten Reptilien wieder zum Leben erweckt. Solange die Wissenschaftler weiterforschen, werden die Dinosaurier, zumindest in unsere Phantasie, nicht wirklich aussterben.

LITERATURHINWEISE

Andrews, Roy Chapman, *All About Dinosaurs* (New York: Random House, 1953).

Bakker, Robert T., *The Dinosaur Heresies: New Theories Unlocking the Mystery of the Dinosaurs and Their Extinction* (New York: William Morrow, 1986).

De Beer, Gavin: *Bildatlas der Evolution*, BLV Verlagsgesellschaft München, 1966

Colbert, Edwin: *Die Evolution der Wirbeltiere*, G. Fischer Verlag, Stuttgart 1965

Colbert, Edwin H.: *Dinosaurs: Their Discovery and Their World* (New York: E. P. Dutton, 1986).

Czerkas, Sylvia, ed., *Dinosaurs Past and Present*, Los Angeles County Museum Special Symposium (Los Angeles: LACM Press, 1986).

Fenton, Carroll Lane, *Tales Told by Fossils* (Garden City, New York: Doubleday, 1966).

Howard, Robert West, *The Dawnseekers: The First History of American Paleontology* (New York and London: Harcourt Brace Jovanovich, 1975).

Gayrard-Valy, Y.: *Fossilien – Zeugen der Urzeit*, Verlag Otto Maier, Ravensburg (Ravensburger Taschenbuch) 1990

Gröper, Klaus und Kessler, Mario: *Das große Buch der Dinosaurier*, Loewe-Verlag, Bindlach 1991

Hamilton, W. R.: *Tiere der Urzeit*, Wissen Verlagsgesellschaft mbH, Herrsching

Hölder, Helmut: *Naturgeschichte des Lebens von den Anfängen bis zum Menschen*, Springer-Verlag, Berlin 1968

Moore, Ruth: *Die Evolution*, Time Life Internatonal, Amsterdam 1964

Norman, David, *Dinosaurier*, C. Bertelsmann-Verlag, München 1991

Norman, David, *The Illustrated Encyclopedia of Dinosaurs* (London: Salamander Books, 1985).

Querner, Hans u. a.: *Vom Ursprung der Arten*, Rowohlt Taschenbuch-Verlag, Reinbek 1969

Rudwick, Martin J. S., *The Meaning of Fossils: Episodes in the History of Paleontology* (New York: Neale Watson Academic Publications, Inc. 1972). Kürzlich neu aufgelegt bei University of Chicago Press.

Spinar, Zdenek V.: *Leben in der Urzeit*, Verlag W. Dausien, Hanau 1975

Steiner, W.: *Die große Zeit der Saurier*, URANIA-Verlag, Leipzig, Jena, Berlin 1986

Thomas, Roger D. K. and Everett C. Olson eds., *A Cold Look at the Warm-Blooded Dinoaurs.* AAAS Selected Symposium 28 (Boulden Colo.: Westview Press, 1980).

Wilford, John Noble, *The Riddle of the Dinsoaur* (New York: Alfred A. Knopf, 1985).

A Fossil Hunter's Notebook: My Life with Dinosaurs and Other Friends (New York: E. P. Dutton, 1980).

Gregory S. Paul

MUSEEN UND AUSSTELLUNGEN

DEUTSCHLAND

Berlin:
Museum für Naturkunde der Humboldt-Universität.
Hier kann man das größte Skelett der Welt besichtigen: einen Brachiosaurus, der über 20 Meter lang werden konnte. Außerdem gibt es den Urvogel Archaeopteryx und viele andere Dinosaurier zu sehen.

Eichstätt:
Jura-Museum
Archaeopteryx

Frankfurt/Main:
Senckenberg-Museum
Originalskelett eines Diplodocus (einziges in Europa). Europas einziger Anatosaurus (ein bis 13 Meter langer Entenschnabel-Dinosaurier) ist hier in mumifizierter Form zu sehen. Daneben viele andere Skelette und z. B. der Schädelabguß eines Tyrannosaurus.

Holzmaden:
Museum Hauff
Ichthyosaurier, Plesiosaurier

München:
Bayerische Staatssammlungen für Paläontologie und Historische Geologie
Hier gibt es einen der kleinsten Saurier zu sehen, den Compsognathus, der nur ca. 60 cm lang wurde.

Tübingen:
Institut und Museum für Geologie und Paläontologie
Verschiedene Skelette, Plateosaurus, säugetierähnliche Reptilien, Schädelabgüsse von Tyrannosaurus und Iguanodon werden hier ausgestellt.

Stuttgart:
Staatliches Museum für Naturkunde »Museum am Löwentor«
Hier gibt es verschiedene Skelette zu sehen, die in Deutschland gefunden wurden (Plateosaurus, Ichthyosaurier, Flugsaurier).

BELGIEN

Brüssel:
Königliches Institut der Naturwissenschaften
Dieses Museum besitzt die größte Sammlung von Iguanodon-Skeletten.

FRANKREICH

Paris:
Nationalmuseum der Naturgeschichte
Abgüsse des Allosaurus, Diplodocus, Tyrannosaurus u. a., fossile Eier.

ÖSTERREICH

Wien:
Naturhistorisches Museum
Abgüsse von Diplodocus, Iguanodon.

RUSSLAND

Moskau:
Paläontologisches Museum
Große Sammlung von frühen Sauriern und säugetierähnlichen Reptilien, Tarbosaurus aus der Gobi, Abguß von Diplodocus.

KANADA

National Museum of Natural Sciences
Ottawa, Ontario

Provincial Museum of Alberta
Edmonton, Alberta

Redpath Museum
McGill University
Quebec, Quebec

Royal Ontario Museum
Toronto, Ontario

Tyrrell Museum of Palaeontology
Drumheller, Alberta

Zoological Gardens
Calgary, Alberta

GROSSBRITANNIEN

Birmingham Museum
Department of Natural History
Birmingham

British Museum (Natural History)
London

Crystal Palace Park
Sydenham
London

The Dinosaur Museum
Dorchester, Dorset

Hunterian Museum
The University
Glasgow

The Leicestershire Museums
Leicester

Museum of Isle of Wight Geology
Sandown Library
Sandown
Isle of Wight

Royal Scottish Museum
Edinburgh

Sedgwick Museum
Cambridge University
Cambridge

University Museum
Oxford

USA

Academy of Natural Sciences
Philadelphia, Pennsylvania

American Museum of Natural History
New York, New York

Buffalo Museum of Science
Buffalo, New York

Carnegie Museum of Natural History
Pittsburgh, Pennsylvania

Denver Museum of Natural History
Denver, Colorado

Cleveland Museum of Natural History
Wade Oval, University Circle
Cleveland, Ohio

Dinosaur National Monument
Jensen, Utah

Earth Sciences Museum
Brigham Young University
Provo, Utah

Field Museum of Natural History
Chicago, Illinois

Fort Worth Museum of Science
Fort Worth, Texas

Los Angeles County Museum of
Natural History
Los Angeles, California

Museum of Comparative Zoology
Harvard University
Cambridge
Massachusetts

Museum of Northern Arizona
Flagstaff, Arizona

Museum of Palaeontology
University of California
Berkeley, California

Museum of the Rockies
Montana State University
Bozeman, Montana

National Museum of Natural History
Smithsonian Institution
Washington, D. C.

Peabody Museum of Natural History
Yale University
New Haven
Connecticut

Pratt Museum
Amherst College
Amherst
Massachusetts

University of Michigan Exhibit
Museum
Alexander G. Ruthven Museums
Ann Arbor
Michigan

University of Wyoming
Geological Museum
Laramie
Wyoming

Utah Museum of Natural History
University of Utah
Salt Lake City
Utah

REGISTER

BILDNACHWEIS

Wir danken dem Department of Library Services American Museum of Natural History

Neg. No. 319835 (Foto: R. T. Bird): S. 8–9
Trans. No. 2491 (C. R. Knight): S. 10
Trans. No. 2143: S. 12
Trans. No. 2420 (C. R. Knight): S. 14–15
Trans. No. 209)John C. Germann): S. 20–21
Trans. No. 2827: S. 36
Trans. No. 1775 (C. R. Knight): S. 37
Trans. No. 2585: S. 41
Trans. No. 2629: S. 54
Trans. No. 226 (M. Colbert): S. 55
Trans. No. 2422 (C. R. Knight): S. 56
Trans. No. PK 213 (C. Lang): S. 62
Trans. No. K12654: S. 92–93
Trans. No. 213: S. 95
Neg. No. 410930 (Foto: Shackelford): S. 120–121
Neg. No. 125483: S. 122 (l)
Neg. No. 28005: S. 125 (r)
Neg. No. 312408: S. 126
Neg. No. 37641 (Foto: Kay Lenskjold): S. 127
Neg. No. 410144 (Foto: Shackelford): S. 128
Trans. No. 2884: S. 129
Neg. No. 410760 (Foto: Shackelford): S. 130–131